变化环境下黄河上游河道生态效应模拟研究

主编 权 全 武志刚 王 炎 马川惠 王亚迪
主审 魏显贵 孙玉军

黄河水利出版社
·郑州·

图书在版编目（CIP）数据

变化环境下黄河上游河道生态效应模拟研究／权全
等主编. — 郑州：黄河水利出版社，2017.10
ISBN 978‑7‑5509‑1869‑6

Ⅰ. ①变⋯　Ⅱ. ①权⋯　Ⅲ. ①黄河‑上游‑生态
效应‑系统模拟　Ⅳ. ①X321.2

中国版本图书馆CIP数据核字（2017）第258818号

出　版　社：黄河水利出版社　　　　　　　　　　　网址：www.yrcp.com
　　　　　　地址：河南省郑州市顺河路黄委会综合楼14层　邮编：450003
发行单位：黄河水利出版社
　　　　　　发行部电话：0371‑66026940、66020550、66028024、66022620（传真）
　　　　　　E-mail：hhslcbs@126.com
承印单位：河南瑞之光印刷股份有限公司
开本：787 mm×1 092 mm　　1/16
印张：9.75
字数：230千字　　　　　　　　　　　　　　　印数：1—1 000
版次：2017年10月第1版　　　　　　　　　　印次：2017年10月第1次印刷

定价：49.00元

前　言

　　根据我国"十三五"对水利工程建设的规划和指导思想，大型水电站是建设重点之一。截止到2013年年底，水电年发电量8 963亿kWh，占全国总发电量的17%，在全球范围内水力发电占电力生产的17%，超过任何其他可再生能源，水电站建设在减排温室气体、应对气候变化、实现水资源优化配置等方面发挥了重要的作用。另外，水电开发建设首先使得河流的均一化和连续性被打断，河流水文、泥沙、水质等发生变化。而且近几十年来，全球气温以每十年年均0.15 ~ 0.3 ℃的趋势增长，气候变化被认为是生物多样性的主要威胁之一，特别是气候变暖的影响。而黄河上游集中分布有大量的特有珍稀濒危野生动物，被誉为高寒生物自然种质资源库，是世界上高海拔地区生物多样性最集中的地区。变化环境下黄河上游河道径流特征、水动力条件、河流地貌、营养盐、温度等河道自然条件的改变对流域范围内生态环境的影响是十分显著的，也是水利工程开发和生态环境建设所必须面对的问题。

　　本书重点围绕变化环境下，黄河上游河道水文情势的变化对河道生态效应的影响，系统介绍了研究区域的生态调查及其分析，并从定性的角度分析了水利工程建设等人类活动和外来物种入侵、气候变化等自然因素下对河道水生态的影响；详述了水库水动力模型、水环境模型、生物个体仿真模型，实现了变化环境下水文情势变化对河道生态效应的定量模拟分析。

　　本书在撰写过程中，以黄河上游茨哈—龙羊峡河段为具体实例，以黄河上游河道生态系统为研究对象，分析变化环境下水文情势变化对研究区段河道水动力、水环境、水生态的影响，确定水电站建设对黄河上游土著鱼等水生生物的影响程度，明确河流生态目标，提出了满足各方面需求的河道生态保护方案，这对于黄河上游水利工程建设的经济效益和环境保护的生态效益实现协同增长具有重要意义。

　　本书的研究得到了青海黄河上游水电开发有限责任公司的资助。本书倾注了多人的心血，包括青海黄河上游水电开发有限责任公司的苏晓军、朱明成、王新明、杜永、裴克宁、李晓刚、王怡平、张雅敏等，青海大学的强安丰、谢玉斌、周燕平等，西安理工大学的张晓龙、董樑、田开迪、石梦阳、司海松、邹昊、覃琳、朱品光、周博、陈新宇、李子龙、马秀霞等。

对黄河上游河道生态环境的模拟研究刚刚起步，水生态资料较为缺乏，本书研究虽然取得了一定的成果，但尚存在很多不足之处。限于研究者的水平和其他客观原因，书中不足之处在所难免，请广大读者批评指正。

作　者

2017 年 9 月

目　录

第1章 绪 论

1.1 研究背景

随着社会经济的不断发展，水资源的合理开发、利用及保障供给越来越重要，越发成为一个国家和地区的重要战略资源，促进社会发展与进步。现如今，为响应国际社会温室气体减排号召，国内民众对雾霾等日益恶化的空气污染而产生的强烈诉求，以水电为首的清洁型可再生能源已成为替代化石能源的主力军，各个国家高度重视水电资源开发与建设。

近几十年来，国内外水能资源利用逐渐从单项工程开发转变为江河流域的梯级开发与综合利用，通过修筑拦河坝、开通运河、清理水道等工程技术措施，对流域水系进行综合开发治理，以获得防洪、发电、灌溉、航运、供水、渔业和旅游等综合效益，从而带动区域经济发展，大大提高了流域水资源的开发利用效率。在国外，流域梯级开发建设起步较早，一些国家的开发建设现已达成一定的规模。例如，俄罗斯境内的伏尔加河，河长约 3 700 km，落差 256 m，共布置了 11 个梯级；流经加拿大和美国的哥伦比亚河，干流长 2 000 km，落差 808 m，共布置了 15 个梯级等。我国自新中国成立初期至 20 世纪 60 年代，进行了四川龙溪河、贵州猫跳河、云南以礼河、福建古田溪等河流的梯级开发。自 20 世纪末，随着华能、华电、国电、大唐等一批国家电力集团公司及长江三峡水电开发总公司、黄河上游水电开发公司等一批流域开发公司的相继成立，我国水利水电工程建设进入了一个全新的时期。

中国《水电发展"十三五"规划》中指出，目前全球常规水电装机容量约 10 亿 kW，年发电量约 4 万亿 kWh，开发程度为 26%（按发电量计算）。发达国家水能资源开发程度总体较高，如瑞士达到 92%、法国 88%、德国 74%、日本 73%、美国 67%。发展中国家水电开发程度普遍较低，我国水电开发程度为 37%（按发电量计算），与发达国家相比仍有较广阔的发展前景，预测 2050 年全球水电装机容量将达 20.5 亿 kW（2 050 GW）。

我国水电装机容量已达世界第一，但结合国家"规划 2020 年全国水电总装机容量达 4.2 亿 kW"来看，我国水利水电工程开发建设仍会较快发展。黄河上游是我国十三大水电基地之一，龙羊峡以上至黄河源干流河段自 20 世纪 80 年代开始进行勘测与规划，龙羊峡上的黄河源干流共规划了 14 个梯级，总装机容量 6 625 MW，占整个黄河干流可开发水电站总装机容量的 22%。我国水电开发的主阵地从西南地区逐渐向河源区转移、向生态脆弱区推进。黄河源是指龙羊峡水库以上，位于青藏高原东北部的黄河流域范围。其面积虽然微不足道，却牵动着整个黄河流域的生态发展，该地区集中分布有大量的特有珍稀濒危野生动物，被誉为高寒生物自然种质资源库，是世界上高海拔地区生物多样性最集中的地区。然而在近年来的梯级水电开发中，由于其对河道径流特征、水动力条件、河流地貌、营养盐、温度等河道自然条件的改变，使得水生生物尤其是黄河土著鱼的"索饵场""栖息场""产卵场"（以下称为"三场"）受到了很大的影响。尽管黄河源土著鱼类不超过30种，但作为黄河上游青藏高原鱼类区系的特有、珍稀鱼类占了很大的比例。因此，黄河源共设立了3个国家级水产种质资源保护区，其中位于黄河第一弯处的黄河上游特有鱼类国家级水产种质资源保护区和支流切木曲上的格曲特有鱼类国家级水产种质资源保护区是黄河水生态保护的重中之重。黄河上游土著鱼类区系组成比较简单，为鲤科裂腹鱼亚科和条鳅亚科鱼类，大多为高寒地带生活的种类，生长期短、生长速度慢、繁殖力低等特性，决定其种群再生能力相对脆弱，在近数十年人类活动与环境变迁等因素的综合影响下，黄河上游鱼类总体资源呈下降态势，部分种类已呈濒危，其中有3种列入1998年《中国濒危动物红皮书》，有9种列入2004年《中国物种红色名录》，目前厚唇裸重唇鱼、黄河雅罗鱼、黄河鮈、兰州鲇、拟鲇高原鳅、骨唇黄河鱼等鱼类已处于濒危境地，亟待加强基础研究和落实保护措施。

随着对河流整体生态问题认识的加深，我国已从新中国成立初期简单的"工程型水利"发展迈向"资源型水利"，并提出了"生态型水利"的理念，早在国家"十一五"规划时，就明确强调要"在保护生态基础上，有序开发水电"。自此，"河流水资源及水电资源开发对河流的水文情势及河道生态环境的深远影响"的陈述逐渐引起了公众的高度重视。

在《水电发展"十三五"规划》中十大重点任务之一的"生态环境保护"部分中，对统筹水电开发与环境保护、优化小水电改造思路、实施流域生态修复等三方面做了具体规划部署。另外，2016年11月1日，第七届"今日水电论坛"在浙江省杭州市开幕，水利部部长陈雷在大会发表《绿色能源与可持续发展》指出，他指出，我国作为全球水能资源最为富集的国家，要坚持"在开发中保护、在保护中开发"，把生态文明和可持续发展理念贯穿于水电开发的全过程，努力实现水电开发利用与生态环境保护的有机统一和相互促进。

水电工程的建设运行对能源环境具有绿色友好作用，但是大坝建设人为改变了河流原有的水温水质特性、水流动力特性和生物种群特性等，直接影响生源要素输送通量、赋存形态、组成比例等，进而改变河流生态系统的物种构成、栖息地分布以及相应的生态功能。

总体上，水电开发的生态环境效应主要体现在以下四个方面：

（1）对河流水文情势、水力学特性的影响。水库修建及运行改变了河流天然的水文情势，人为控制、调节了下泄流量，从而影响下游河道的水位、流速、流场形态等水力要素；上下游土壤含水量及地下水位的变化引起河床地貌的演变，进而对河道、岸边带的工程地质条件以及洪泛区平原的生态环境产生影响。例如，建在黄河中游的三门峡水库就遇到了严重的泥沙淤积问题，使渭河河床抬高，造成了惨重的洪灾损失，破坏了生态与环境。

（2）对河流水环境的影响。水库蓄水后库内深层水温降低、水体中泥沙沉降以及局部河段水体溶解气体过饱和，水库蓄水可能引起水体pH值微降和轻微的水体富营养化，从而降低下游河道的初级生产力，不利于鱼类繁殖，同时库内适宜的水体特性促使某些藻类的大量繁殖。例如，水利水电工程大坝的修建常使原本完整的流域生态系统被分隔成上游、水库和下游三部分，黄河上游形成的梯级水库群，基本库库相联，很少有自由流动的河水，引起黄河干流水体流速降低、流动滞后，会加大水库下游河道水质污染的可能性，以兰州下游为例，其干流水质等级基本为Ⅳ类至劣Ⅴ类，且劣Ⅴ类水断面占到81.8%，非汛期水质甚至更差。

（3）对河流生态系统结构和功能的影响。水库蓄水后，生物群落随生境变化经过自然选择和演替，形成水生物群落新平衡。库区内水流速减小、水体泥沙沉降，使水生态系统由以底栖附着生物为主的"河流型"异养体系向以浮游生物为主的"湖沼型"自养体系演化；挡水建筑物阻隔了洄游性鱼类的通道，影响上下游物种的交流，例如，苏联伏尔加河流域梯级开发的随后的30年里，苏联科学院对此所带来的一系列生态与环境问题进行了猛烈抨击，由于没有考虑修建鱼道，影响了鱼群洄游产卵；改变了天然河流水位急剧变化引起的浅滩交替的暴露和淹没，影响鱼类的栖息和产卵。在梯级库群设计中由于下游水位影响，建成后的水库群水域范围内缺乏食草鱼类再增殖所必需的、有丛生水生植物的沿岸生境区，11座梯级水库中有8座没有生产性浮游生物群落繁衍所必需的足够水层，在很大程度上失去了喜流水性鱼类和无脊椎动物繁殖与越冬生息环境的特质。

（4）对区域生态系统的影响。水库运行对水文情势的影响可能导致洪泛区湿地减少、生物多样性破坏和局部生态功能退化。洪泛平原生态系统已经适应洪水的季节性变化，水库运行改变了径流峰值和脉动频率，分割了下游主河道与冲积平原的物质联系以及生态系统的食物链，从而影响洪泛平原的生态过程，甚至区域生态系统的结构和功能。

因此，如何科学地定量分析坝下河道生态效应的影响程度、如何严密地研究鱼类种群栖息地恢复机制及坝下河道生态流量计算方法、如何合理地提出减少河流负面生态影响和增强区域生态效益的水电开发运行改进措施，以及实现水电开发与生态环境保护和谐共生，并为未来黄河上游流域电站梯级开发提供依据，是当今我们亟待研究解决的问题。

黄河上游河段地理位置和自然条件独特，鱼类资源丰富，是许多珍惜鱼类栖息、索饵和繁殖的最佳场所，在物种多样性、代表性和特殊性方面具有重要的科学、生态、社会经济价值。随着黄河上游人类活动影响范围扩大，引起水文循环状况和水量平衡要素在时间、空间和数量上发生着不可忽视的变化，以及气候变化通过气温、降水等因素的改变影响到陆地水文循环系统，从而影响水文径流过程，水文情势的变化会引起河道生态环境发生改变，鱼类栖息格局也会发生变化，在变化环境下黄河上游河道水文情势的变化对河道生态效应影响的模拟研究是十分必要的，对实施水利工程开发和生态环境的和谐发展具有重要意义。

1.2 国内外研究现状

近20年来，气候变化导致的环境问题受到世界的广泛关注。尽管气候变化的幅度、时间模式及区域分布模式的研究结果在很大程度上存在不确定性，但在科学界和决策圈内已形成共识：包括全球变暖、海平面上升、风暴频率和强度的增加及降水方式的改变等在内的气候变化将给人类社会以及人类赖以生存的地球环境带来严重损害。

全球气候变化已引起世界各国的重视，为应对全球气候变化、实现温室气体减排承诺，优先发展水电已成为国际共识。全球水能资源理论蕴藏量约为 390 966 亿 kWh/a，其中技术可开发量 146 531 亿 kWh/a，经济可开发量 87 279 亿 kWh/a。五大洲中亚洲水能资源居首位（197 016 亿 kWh/a），占全球的 50.4%。由于经济发展水平、水能资源开发程度的不同，目前世界各国水电发展呈现不同的态势。美国等发达国家水电发展已基本饱和，其进一步发展主要体现在现有水电基础上改造增容、水力发电新技术革新和工程示范等方面。少数欧洲发达国家及加拿大水电开发潜力较大，均处于积极发展大、中、小型水电阶段。而亚洲、拉美和非洲的部分发展中国家，如巴西、印度，其水电开发潜力巨大而开发程度较低，均处在迅速发展大、中、小型水电阶段。环保是影响水电可持续发展的重要因素，在全球气候变化的背景下，各国在水电开发的同时更应该关注环境保护。我国应当继续实施水电优先战略，积极借鉴国际先进经验，继续加强生态环境保护、完善水电管理体制、加强保障移民权益等，促进水电可持续发展（李海英 等，2010）。

水力发电作为一种可再生、无污染的能源被广泛开发利用。水利工程建设对生态环境有一定的正面影响，水库抬高水位可以有效改善水库上游的天然水运运输系统。与陆运系统相比，水运可充分发挥运输成本低、少占地或者不占地的优点。此外，水利工程还有拦蓄泥沙、提高附近地区的地下水位、改善涉禽和非迁徙鸟类的生境、提高灌区含氧成分等作用；在血吸虫疫区，水利工程结合灭螺，血防效益显著；而水土保持工程本身就是以改善生态环境为开发目标等（李宏伟 等，2010）。准确分析评价水利工程对生态环境的影响，一直是水利及生态环境科研领域关注的热点问题。

重大水利工程是保障国家经济发展、社会和谐及公共安全的重要基础设施。2016 年我国在原已建设的 85 项重大水利工程的基础上再新开 20 项重大水利工程，确保在建重大水利工程投资规模保持在 8 000 亿元以上。在新的历史发展阶段，如何使重大水利工程成为生态友好、经济和社会协调可持续发展的绿色水利工程，日益成为公众关注的焦点（邓丽 等，2017）。

1.2.1 气候变化研究现状

气候变化对我国水文水资源的影响研究是从 20 世纪开始的，1985 年的 Vinach 会议，使我国气候变化对水资源影响的研究加速推进。国内系统地研究气候变化对水文循环、水资源影响始于 20 世纪 80 年代中期，而对于三江源区是在 2000 年以后开始的，最初的研究对象主要是黄河源，刘昌明等（2006）就黄河源区降水和径流的关系以及径流对土地覆盖情况和气候变化的响应展开研究。王晓燕等（2011）根据全球气候变化对水文循环过程以及极值事件的影响，在 HadCM3 的 A2、B2 情景下，采用统计降尺度模型（SDSM）预测了黄河源区未来降雨、气温以及蒸发极值的变化情况，发现高流量事件频次将呈现减少的趋势，而冬季低流量事件将呈现增加趋势。张永勇等（2012）以石羊河中上游流域为研究对象，采用流域 SWAT 水文模型，研究 1988～2005 年以及未来多种气候情景模式下出山口径流的变化情况，探讨研究气候变化对石羊河流域中上游地区水文情势的影响，他们认为在气候变化影响下，石羊河流域径流量将呈现持续增加的趋势。王俊等（2010）根据三峡水库 2009 年调试性蓄水过程分析了三峡水库在蓄水期的时候长江中下游出现非正常低水位的原因，进一步分析了三峡水库在正常运行后的一段时间内长江中下游水文情势的变化趋势，发现其水文情势发生较大变化。近年来，基于人类活动的影响下水文情势变化分析的研究相对普遍。孙爽等（2014）研究发现在人类活动与全球气候变化的影响下，查干湖湿地水文情势发生了显著变化，水资源短缺，使得查干湖湿地生态退化以及功能下降，通过查干湖水文情势研究、查干湖生态需水量计算，以及通过天然来水与生态需水的比较，提出查干湖生态需水调控方案。朱记伟等（2013）在研究西安市城市化进程当中，对灞河下游水文情势变化规律研究显示，由于西安进行了流域综合治理，使得灞河下游流域水文条件受到人工干扰的影响，经计算得出灞河下游水文情势改变度，同时结合其有利的改变，对于流域进行合理的开发与治理，达到维护河流生态健康的目标。

国际上是在 20 世纪 70 年代末渐渐开始了对气候变化影响方面的分析与研究，但关于气候变化对水文、水循环和水资源的影响的研究相对较晚，是在 20 世纪 80 年代中期后（李峰平 等，2013）。在这个发展进程中，国际上拟定并开展了许多的科研计划，同时召开了相关的国际会议以促进气候变化对水文水资源的影响研究的发展。美国国家研究协会（USNA）于 1977 年组织讨论了气候变化与供水之间的相互影响与相互联系。世界气象组织在 1987 年出版的相关报告中总结了水文水资源系统关于现代气候变化以及未来气候的相对比较敏感的问题。从 20 世纪 90 年代以来，随着全球气候变化趋势研究愈演愈烈，这一方面的研究也开始迅速增加。1990 年出版的《气候变化与美国水资源》系统地梳理了截止到 1990 年关于气候变化对水文水资源影响的研究方法和成果。在 2007 年，意大利召开了 IUGG 国际大会，会议将全球气候变化对水文水资源的影响及影响范围作为研究讨论的一个重要方面。同时，我们看到 Carla Teotónio 等（2017）对全世界 312 个流域进行了审查，以提供一个综合框架来评估对森林覆盖变化的水文响应，并确定空间尺度、气候、森林类型和水文系统在确定森林变化相关水文响应强度方面的应用，这些研究结果使人们加深了对不同空间尺度下森林覆盖变化的水文响应的理解，并为气候变化和增加人为干扰的背景下未来流域管理提供了科学基础。Nepal（2015）使用 J2000 模型，在 Dudh Koshi 子流域调查了目前和未来条件下不同径流成分的水文特征。该模型基于水文过程由校准参数控制的 HRU 参数文件中接收关于流域（如土壤、土地利用、地质、高程、坡度等方面）的空间分布信息。预计未来，由于温度上升，降雪将显著下降，流域将会失去蓄雪能力，而且非冰川地区的降雪径流将明显减少。模型结果表明，降雪模式、融雪、排放和蒸散发量都对气候变化的影响敏感。许多国家和国际项目的研究都针对气候变化及其对水资源的影响。一些只关注气候变化的影响，另一些则评估了土地利用变化和人类对水的变化的影响。由于气候变化和人类活动的差异，塞尔维亚不同地区获得不同的气候和水文趋势。Richter 等（1996）提出建立水文改变指标

（index of hydrologic alteration，IHA）来评估水文改变程度。Dimkić（2016）介绍了塞尔维亚过去的长期气温、降水和河流排放趋势。重要的是评估和预测了空气温度升高与河流径流量和降水变化之间的平均关系。这种关系可以帮助我们找到适当的区域气候和水文模型。

1.2.2　水利工程生态效应研究现状

国外对于水利工程生态环境效应的研究开展较早，起初主要是针对水环境中的大型底栖无脊椎动物群落特征和泥沙沉积方面的研究，目前研究的内容包括局地气候、水文情势、生物多样性等在内的水生生态系统、陆生生态系统、人类社会等方面。美国在1969年制定了环境影响评价条例（environmental impact assessment，EIA），后来EIA不断改进，最后形成战略环境评估条例（strategic environmental assessment，SEA）。20世纪70年代末，我国开始了对水利工程生态环境效应的研究，至今大型水利工程生态环境效应的研究理论已较成熟，环境影响评价制度也较完善（尚淑丽等，2014）。

水利工程对生态环境的影响是多方面的，单因素评价根本无法全面、准确地反映水利工程的生态环境效应，因此大多采用综合评价方法。王宗军等（1998）总结整理了典型的综合评价方法，根据各方法的理论依据及评判过程的特点，大致可以分为以下3类：

（1）基于经验的综合评价方法。主要依赖评价专家的经验及其对评价对象、评价领域的通晓程度，代表性方法有专家打分法、德尔菲法。这种评价方法原理简单、适用面广，且在应用过程中的解释较为直观；但是其主观性较强，准确性得不到保证，且时间、人力、物力耗费较多。李春华等（2012）将专家打分法应用于太湖湖滨带生态系统健康评价研究中，刘芳等（2008）将改进后的德尔菲打分法应用于城市生态环境基础质量研究中以确定评价因子权重。

（2）基于数值和统计的综合评价方法。运用数学理论与解析方法对评价系统进行定量描述和计算，代表性方法有加权平均法、TOPSIS法、主成分分析法等。Torfi等（2010）提出了一种模糊多准则决策方法（fuzzy multi-criteria decision-makingapproach，FMCDM），傅湘等（1999）采用主成分分析法进行了区域水资源承载能力的综合评价。

（3）基于决策和智能的综合评价方法。融入人类主观判断或者模仿人脑的功能，通过模仿人类处理信息的思维能力来重现决策支持，代表性方法有层次分析法、模糊综合评价法、人工神经网络法。Dahiya等（2001）应用模糊集理论进行地下可饮用水的理化性质决策评价，王俭等（2007）建立了基于人工神经网络的区域水环境承载力评价模型。

虽然国内外针对水电开发的生态环境效应及调控技术开展了大量研究，但该领域一直是生态水力学研究的热点，这些研究总结起来重点包括三个方面：①水动力对目标生物的作用机制及其生态系统效应；②工程运行对河流生态系统的净损益；③工程生态友好设计与运行技术。近年来在《自然》和《科学》等知名期刊上相继出现有关水电开发生态环境研究的成果。Bakker（2012）研究了水库运行对科罗拉多河水安全的影响，Palmer（2010）研究了流域引水式发电对生物多样性及生态系统的影响，Vorosmarty等（2010）研究了水电开发对河流下游生态系统的影响以及对区域水安全的胁迫，Lovett

（2014）和 O' Connor（2015）等研究了大坝拆除及河流生态系统重建。

1.2.3 鱼类栖息地研究现状

水利工程的建成给现代社会带来巨大利益，包括防洪、发电、航运等，但并不是没有缺点。水利工程也可能影响周围环境，导致水文过程变化，水库淤积，下游渠道侵蚀，水质下降，鱼类迁徙路径截断和水生栖息地受损（Ligon et al.，1995；McCully，1996；Wu et al.，2003）等。因此，需要评估和量化大坝建设和运行对周围生境和环境的影响。

自 20 世纪 70 年代末以来，水生栖息地模拟模型已被用于分析水资源管理中的鱼栖息地（Bovee，1982；Jowett，1997；Parasiewicz 和 Dunbar，2001）。这些模型根据物理变量（如水深、流速等）来评估水生生物的栖息地适应性（Bovee，1986）。物理栖息地模型对于评估水电项目的影响、分析取水对河流生态学的影响以及确定人口的最低流量要求尤其有用。这些模型也可用于模拟和评估恢复项目对周围环境的影响（Shuler 和 Nehring，1994；Shields et al.，1997；Maddock，1999）。

自 20 世纪 80 年代以来，物理栖息地模型已经成为河流管理的重要工具（Armor 和 Taylor，1991；Bockelmann et al.，2004；Adriaenssens et al.，2006）。目前正在全球范围内使用的以"流量增量法"（IFIM）为原理的物理栖息地模拟模型（PHABSIM）是第一个鱼类栖息地模型（Bovee，1986；Nagaya et al.，2008）。基于 PHABSIM 的其他模型包括挪威河系统模拟器（Alfredsen et al.，1996），RHYHABSIM（Jowett，1996），EVHA（Ginot，1995）和 Mesohabitat（Parasiewicz，2001）。所有这些模型通过单变量或多变量偏好函数将物理变量与生境适应性联系起来（Bovee，1982）。

Yi 等（2010）介绍了一个栖息地适宜性指数模型，用于评估葛洲坝水坝和三峡工程对中国鲟鱼产卵场的影响。根据对鲟鱼繁殖特征的研究，分析了影响繁殖的 10 个主要生态因素，包括水温、速度、水深、底物、悬浮泥沙浓度和捕食鱼的数量。获得了基于这 10 个生态因素的适宜性指数（SI）曲线，并开发了栖息地适宜性函数，建立了二维数学模型，以模拟和预测中国鲟鱼的生理栖息地情况（如水力、沉积物和底物）。通过耦合栖息地适应性函数和二维数学模型，建立了鲟鱼栖息适宜性指数模型。通过将测量数据与模型的预测进行比较，验证了栖息地适宜性指数模型。结果表明，计算结果与测量结果吻合良好，高计算栖息适宜性指数（HSI）对应于每单位（1 000 m³）排放量（CPUEd）的高测量量。中国鲟鱼计算的栖息地适宜性指数也显示，1999 年，三峡工程蓄水之前，与 2003 年的栖息地适宜性相比，栖息地适宜性指数较好。葛洲坝大坝不同排放的模拟结果预测，10 000 m³/s 和 30 000 m³/s 最适合鲟鱼产卵。

为了研究河网中鱼类能否随着上游预测的气候和土地利用驱动的栖息地转变，Johannes Radinger（2017）将 17 种鱼类的物种分布模型（逐步提升的回归树）与欧洲易北河流域的分散物种特异模型（鱼散布模型 FIDIMO）进行了耦合。量化地预测了以下内容：① 2050 年联合"中度"和"严重"气候和土地利用变化情景下栖息地变化的程度和方向（上下游）；②鱼类追踪预测的分散能力与栖息地转移，同时明确考虑移动障碍（例如堰坝）。栖息地的收益和损失以及栖息地转移的方向的预测在物种间高度可变。

人类生物获益与鱼体大小呈负相关，即适宜的栖息地预计会扩展为较小体积的鱼类栖息地，并且可以收获较大体重的鱼类。此外，预计低地鱼类栖息地将向下游转移，而上游物种则呈上升趋势。

基于河道内流量增加法（IFIM），孙嘉宁等（2015）采用 River2D 对白鹤滩水库回水支流黑水河进行水动力模拟和鱼类栖息地模拟，根据加权可利用面积（WUA）分析蓄水前后鱼类适宜物理栖息地的数量变化和质量变化。结果显示，蓄水后，按蓄水水位不同，适宜栖息地总面积仅为自然状况下的 0.8% ~ 25.3%，且呈边缘化分布。根据水库调度运行方案，蓄水后春夏季节栖息地总量将高于秋冬季节，与蓄水前情况相反。陈求稳等（2016）建立了一维全河流和二维局部河段的水环境模型，并与基于个体的鱼类模型耦合，从鱼类种群动态角度研究水库运行对下游河流水生态系统的作用。选取了漓江下游的一段复式河道，以优势种草鱼和鲫鱼为研究对象，模拟了自然条件和水库调节作用下河道的水环境条件，以及相应的鱼类生长和分布的变化。通过模拟结果的对比分析，发现如果仅考虑水库运行造成的下游水流变化的作用，枯水期水库向河道补水对草鱼有一定的正面影响，对鲫鱼有轻微的负面影响；而在 4 ~ 5 月，水库运行对两种鱼类都存在比较明显的负面影响。

水库调度改变了河流水文情势，从而使得水生动植物栖息地的空间分布发生明显的变化。针对水库运行对鱼类栖息地的影响，李若男等（2010）利用模糊数学方法建立栖息地模型，并与水环境模型耦合，分析不同水文情势下鱼类在不同生长期的栖息地变化情况。基于专家分析法建立模糊函数隶属度及规则集，计算栖息地适宜性指数（HSI），提出适宜栖息地宽度指数（HSWI）表征河道内栖息地连通性，并对栖息地变化的有效性进行分析。选取漓江下游的某个复式河道为对象，模拟特征鱼种光倒刺鲃（Spinibarbus hollandi）在典型水文年份中水库不同调节模式下的栖息地变化情况。结果表明，在丰水年及枯水年的产卵期，水库补水明显增加了鱼类适宜栖息地面积，其中高适应性区域面积增幅近 50%，而平水年影响较小；水库补水对越冬场的影响则相对微弱，仅增加越冬场 5% 左右。

气候变暖将对寒冷地区湖泊的水温分布和溶解氧分布产生较大的影响，进而影响鱼类的数量。为了评价气候变暖对我国北方寒冷地区冷水性鱼类栖息地的影响，陈永灿等（2015）基于热氧垂向分布数值模型开发了鱼类栖息地模型。选取了黑龙江省的镜泊湖作为代表性湖泊，选择哲罗鲑作为指示鱼类。采取定值评价法和热氧指数法来识别适合哲罗鲑生存的栖息地，对现有气候条件和未来气候条件下哲罗鲑的栖息地进行了评价。模拟结果表明，在未来气候条件下，哲罗鲑冬季不适宜的栖息地将减小，夏季不适宜的栖息地将加大，夏季死鱼的可能性增大。夏季适宜生存的栖息地将减少 60% ~ 90%，这意味着夏季死鱼的可能性较大。反映冷水性鱼类年内最大热氧压力的 ATDO3vb 值将增加 2.5℃ 左右，这意味着哲罗鲑幼鱼的存活率将下降 35%。在极端温暖的年份，ATDO3vb 将增加 3.8℃ 左右，哲罗鲑幼鱼的存活率将下降到 9%。热氧指数评价法具有较广的适用性，能够用于识别和比较我国东北地区不同类型湖库的冷水性鱼类栖息地。

1.3 难点与挑战

我国人口众多，气候环境条件复杂多样，气候质量较差，生态环境整体脆弱，经济发展和基础建设正处于关键时期，资源和环境压力巨大。我国既是受气候变化影响最严重的国家之一，自身发展也面临着优化产业和能源结构，保护生态环境，实现可持续发展的需求。气候变化对自然生态系统和人类社会产生广泛而深刻的影响，体现在极端事件、水资源、生态系统等诸多方面（秦大河，2014）。改变水资源对气候变化脆弱性的努力方向包括当前的水利工程建设、水资源管理机制建设、经济发展因素及科技水平因素。要加强水资源对气候变化的适应性研究，加大水文水资源研究力度，通过理论的突破与技术的突破来使评价机制和预测机制更加成熟。在工程建设方面，工程系统建设的过程中需要应对的问题包括极端气候的出现以及破坏性防治，提高水库、分蓄洪区等水利工程的防洪标准，增加供水能力。此外，可通过法律法规的完善为统一的可持续管理提供法律依据，从而促进管理水平的提升（刘彩虹，2012）。对于大气降水和水利工程对径流的驱动作用的关系，如何定量分析各自的贡献以及水面的蒸发驱动作用和这些因素的驱动机制等方面还需进一步研究（殷世平，2017）。

在水电开发的生态环境效应及调控技术研究中，提出的问题和挑战包括当前对生态系统影响的研究依然是定性或半定量评价为主，缺乏量化的影响评价；生态模型部分以集总式为主，难以体现环境要素空间异质性、生物个体差异性、微生境空间分布特征；生态目标难以货币化，生态调度缺乏工程可操作性。因此，水电开发中生态水力学研究重点在于：从响应机制上，揭示水动力因子对目标生物生理及行为的作用机制，建立定量响应关系；从模拟方法上，研发基于生物生理和行为的生态水力学模型，精准量定生态流量过程和生态水工设计参数；从调控技术上，建立水库生态流量过程调度技术和生态水工设计技术，解决兴利用水和生态用水的矛盾；从而形成基础理论、数值模型、工程应用三位一体的完整体系（陈求稳，2012）。

我国水能资源丰富，水力资源理论蕴藏量居世界首位，水电开发与利用对于合理分配资源能源，平衡区域经济社会发展与环境保护，推动我国能源革命起到重要作用。但水电开发区域同时又是生物多样性丰富、生态保护压力大的地区，并由此带来了诸多生态环境问题，对鱼类的影响尤为突出（张信，2016）。为减少水电开发可能造成的不利影响，在开发的同时重视生态环境保护是当前水电开发的工作重点之一（吴晓青，2011）。栖息地保护（常剑波，2008）、过鱼设施（白音包力皋，2011）、人工增殖放流（陈大庆，2003）等保护措施对减缓水电开发对鱼类造成的不利影响有着重要的意义。

根据保护生物学的观点，保护生境是保护生物多样性最有效的方法（Primack等，2009），因此保护鱼类栖息地显得尤为重要。但栖息地保护在措施布局、流域的水生生境条件、鱼类基础技术研究、鱼类保护措施运行管理等方面存在以下问题（张信，2016）：①目前栖息地保护措施基本是单个电站各自为政，零敲碎打，统筹不够，难以发挥整体优势，更难达到保护最优化。②随着城市化建设的进行，工农业生产废水排入江河湖泊导致水域环境污染，已直接威胁鱼类的正常生活和生存，对鱼类生境造成巨大的破坏。③有关鱼类的生物学研究比较薄弱，鱼类生态需要不是很明确，有关鱼类保护与水文条件、地形、水质等非生物因子之间的关系以定性描述为主，相关基础技术研究亟待加强。④水电开发中栖息地保护措施是一个新事物，需要学习、摸索、总结，最后再进行实践，必将经历一个逐步完善的过程。⑤目前栖息地保护措施缺乏统一的标准来规范相关行为。国家缺乏水电工程建设对水生生物带来影响的有效管理和补偿措施，对鱼类而言，栖息地包括其完成生活史过程所必需的关键水域范围，如产卵场、索饵场、越冬场及连接不同生活史阶段的洄游通道等。.

第 2 章　黄河上游水环境水生态变化问题

2.1　黄河上游梯级电站概况

黄河上游成为我国规划建设的重要水电基地和能源基地，已形成我国最大的梯级电站群，龙羊峡以上黄河鄂陵湖出口至羊曲河段 1 360 km，规划建设 16 座电站，已建和在建的有黄河源、茨哈、班多、羊曲等 4 座水电站；龙羊峡至青铜峡河段 918 km，规划25 座大中型水电站，青海省内黄河干流现已建和在建水电站 12 座，分别是龙羊峡、李家峡、拉西瓦、公伯峡、积石峡、尼那、康扬、直岗拉卡、苏只、黄丰、大河家、寺沟峡等水电站；黄河二级支流大通河规划 18 座电站，目前已建成 8 座水电站，在建有石头峡水电站、引大济湟调水总干渠工程等。黄河上游河段水量丰富，落差集中，水能蕴藏量丰富，尤其是龙羊峡至青铜峡河段，全长 918 km，天然落差 1 324 m，水能资源理论蕴藏量 1 133 万 kW，具有工程投资相对较小和水库移民相对较少，对外交通方便，经济指标好等优点，被誉为我国水电建设中的"富矿"，是我国规划开发的重要水电基地。据了解，黄河上游湖口至尔多河段全长 1 256 km，总落差 1 277 m，其中玛曲至尔多河段长 264 km，落差 430 m。黄河上游流域水系、测站及工程位置示意见图 2-1。

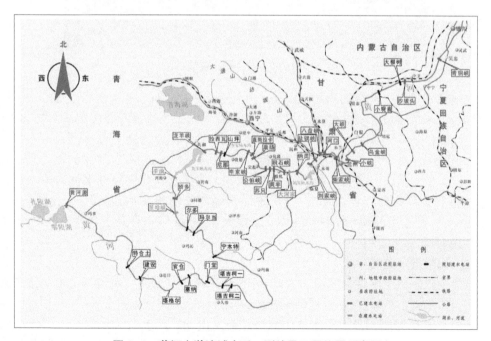

图 2-1　黄河上游流域水系、测站及工程位置示意图

2.1.1 黄河源—龙羊峡段水电站基本情况

2.1.1.1 黄河源水电站

黄河源水电站（见图 2-2）位于鄂陵湖出口，湖口下游 17 km 处的黄河干流上，即规划中的湖口电站，将扎陵湖、鄂陵湖水域联成一片。距玛多县城 40 km，距省会西宁 540 km。有县乡公路相通，当地海拔为 4 260 ~ 4 280 m。电站装机容量 3 × 800 kW，发电流量 3 × 9.06 m³/s。是一座以发电为主的 3 等中型水力发电工程。水库设计洪水标准是 50 年一遇洪水设计，1 000 年一遇洪水校核。

图 2-2 黄河源水电站

水电站坝址以上流域面积 19 188 km²，干流长 246.5 km，平均比降 1.22‰，流域内人烟稀少，水草丰茂，植被较好。根据坝址下游 40 km 处的黄河沿水文站 1955 ~ 1985 年的实测资料分析，坝址处多年平均流量 22.3 m³/s，年径流总量 1 亿 m³。

水电站主体由大坝、溢洪道、压力管、厂房、升压站等组成，其中大坝为黏土心墙砂砾石坝，最大坝高 18.0 m，坝顶长度 1 522 m，水库水体与鄂陵湖水体连成一片，对水电站进行多年调节，调节库容 16.6 亿 m³，经调洪演算后的设计洪峰流量 126 m³/s（P=2%），校核洪峰流量为 198 m³/s。水电站于 1998 年 4 月开工建设，2002 年 7 月建成并投入运行。

2.1.1.2 玛尔挡水电站

拟建的玛尔挡水电站（见图 2-3）位于青海省玛沁县境内的黄河干流上，位于果洛州玛沁县拉加镇上游约 5 km 的黄河干流上，坝址区以上海拔超过 3 200 m，坝址区左岸为玛沁县，右岸为同德县，属于高山峡谷地貌水电站。距上游规划的宁木特水电站约 80 km，距下游规划的尔多水电站约 33 km。是一个以发电为主，兼顾生态环境保护，促进地方社会经济发展的大型水电枢纽工程。

图 2-3　玛尔挡水电站

玛尔挡水电站工程规模为国内Ⅰ等大（1）型工程，主要任务为发电，促进地方经济发展。坝址控制流域面积 98 346 km²，多年平均流量 530 m³/s。玛尔挡水电站枢纽建筑物由混凝土面板堆石坝、右岸溢洪道、泄洪洞及右岸地下厂房系统组成，最大坝高 211 m；水库正常蓄水位 3 275 m，相应库容 14.82 亿 m³，死水位 3 240 m，总库容 12.94 亿 m³，调节库容 7.06 亿 m³，具有季调节性能；玛尔挡水电站总装机容量 220 万 kW，其中生态机组装机容量 12 万 kW，电站多年平均年发电量 70.54 亿 kWh，年利用小时数 3 206 h。

2.1.1.3　茨哈峡水电站

拟建的茨哈峡水电站坝址位于青海省境内的黄河干流上，枢纽工程位于青海省海南藏族自治州的兴海县中铁乡和同德县巴沟乡的交界处，坝址选定在班多峡峡谷出口上游 7.2 km。工程距西宁市公路里程 310 km，距兴海县城 55 km、同德县城 38 km。枢纽建筑物由面板堆石坝、右岸引水发电系统、左岸溢洪道等组成，坝高 254 m 左右，推荐坝址为上坝址。水库正常蓄水位为 2 990 m，库容约 44.74 亿 m³，调节库容约 5.28 亿 m³，属季调节水库。水电站的主要任务是发电，装机容量 2 600 MW，保证出力 510 MW，多年平均年发电量 91.45 亿 kWh，工程规模为Ⅰ等大（1）型工程。

本工程施工总工期为 11 年零 3 个月（即 135 个月），其中工程筹建期 2 年（不计入总工期），准备工程工期 27 个月，主体工程工期为 96 个月，完建工程工期为 12 个月。从准备工程开工至首台机组具备发电条件为 10 年 5 个月（即 123 个月），首批两台机组发电时间安排在第 11 年 11 月底。预计至 2018 年完成全部水土保持工程，水土保持方案确定设计水平年为工程完工后第 1 年。根据实际情况，茨哈峡水电站工程水土保持监理工作服务时段为 2015 ～ 2018 年。

2.1.1.4 班多水电站

班多水电站（见图2-4）为黄河干流茨哈到羊曲河段规划的第2个梯级电站，坝址位于青海省海南州兴海县与同德县交界处茨哈峡谷出口处，距上游军功水文站约108 km，距下游唐乃亥水文站和龙羊峡水电站分别为38 km和176 km，坝址控制流域面积107 520 km²。

图2-4　班多水电站

枢纽建筑物由左副坝、泄洪闸、安装间坝段、河床厂房及左右岸副坝组成。工程的主要任务是发电，正常蓄水位2 760 m，总库容1 535万 m³，装机容量360 MW，多年平均发电量14.12亿 kWh，为Ⅱ等大（2）型工程。工程总投资25.969 9亿元，静态投资22.714 7亿元，单位千瓦静态投资6 680元 /kW，单位千瓦时静态投资1.67元 /kWh。该工程于2007年8月开工，2008年3月底主河床截流，2009年12月导流明渠封堵，2010年10月下闸蓄水，2010年11月底首台机组发电，于2011年6月竣工。班多水电站地处内陆高海拔地区，具有高原气候特点。日照时间长，冬季寒冷，持续时间长；夏季凉爽，历时较短。11月至翌年3月月平均气温低于零度，坝址以上控制流域面积107 520 km²。

2.1.1.5 羊曲水电站

黄河羊曲水电站（见图2-5）位于青海省海南州兴海县与贵南县交界处，是黄河干流龙羊峡水电站上游"茨哈、班多和羊曲"三个规划梯级电站的最下一级，水电站的主要任务是发电。工程规模为Ⅰ等大（1）型工程，主要建筑物等级为1级，次要建筑物等级为3级。

水电站距上游班多水电站的距离是75 km，距离下游龙羊峡水电站距离约为100 km，距省会西宁市242 km，距贵南县城50 km，对外交通便利。

枢纽工程主要由拦河大坝、左岸泄洪消能建筑物和右岸引水发电建筑物等组成。引水发电建筑物布置在右岸，其左侧为拦河大坝，引水发电建筑物由岸塔式进水口、压力引水管道、岸边地面厂房及尾水渠组成。

图 2-5　羊曲水电站坝址处

2.1.1.6　龙羊峡水电站

龙羊峡水电站（见图 2-6）距黄河发源地 1 684 km，下至黄河入海口 3 376 km，是黄河上游第一座大型梯级电站，人称黄河"龙头"电站。龙羊峡位于青海省共和县与贵德县之间的黄河干流上，长约 37 km，宽不足 100 m。黄河自西向东穿行于峡谷中，两岸峭壁陡立，重峦叠嶂，河道狭窄，水流湍急，最窄处仅有 30 m 左右，两岸相对高度为 200 ~ 300 m，最高可达 800 m。

图 2-6　龙羊峡水电站

"龙羊"系藏语，"龙"为沟谷，"羊"为峻崖，即峻崖深谷之意。峡谷西部入口处海拔 2 460 m，东端出口处海拔 2 222 m，河道天然落差近 240 m，龙羊峡水电站建在峡谷入口处，由拦河大坝、泄水建筑和电站厂房三部分组成，坝高 178 m，坝长 1 226 m（其中主坝长 396 m），宽 23 m，形成了一座面积 383 km²、库容 247 亿 m³ 的人工水库。电站总装机容量 128 万 kW（安装 4 台 32 万 kW 水轮发电机组），并入国家电网，除发电外，龙羊峡水电站还具有防洪、防凌、灌溉、养殖等综合效益。

2.1.2 拉西瓦—积石峡段电站基本情况

2.1.2.1 拉西瓦水电站

拉西瓦水电站（见图 2-7）位于青海省贵德县与贵南县交界的黄河干流上，是黄河上游龙羊峡至青铜峡河段规划的第二个梯级电站，上距龙羊峡水电站 32.8 km（河道距离），下距李家峡水电站 73 km，距青海省西宁市公路里程为 134 km，对外交通便利。

图 2-7　拉西瓦水电站

工程的主要任务是发电，主要承担西北电网调峰和事故备用，是支撑西北电网 750 kV 网架的骨干电源，是实施西北水火电混送华北电网的战略性工程。

工程枢纽建筑物由混凝土双曲拱坝、坝身泄洪表孔、深孔、坝后消力塘和右岸地下引水发电系统组成，坝顶高程 2 460 m，最大坝高 250 m，拱冠底部厚 49 m，厚高比 0.196，坝顶宽 10 m。电站装机容量 4 200 MW，保证出力 990 MW，多年平均发电量 102.23 亿 kWh。水库总库容 10.79 亿 m³，为日调节水库，调节库容 1.5 亿 m³。工程静态投资 122.94 亿元，工程总投资 149.86 亿元，单位千瓦静态投资 2 927 元 /kW，单位电度静态投资 1.203 元 /kWh。

2.1.2.2 尼那水电站

尼那水电站（见图 2-8）是一座中型河床式电站，机型为灯泡贯流式，在黄河上建设这种机型的水电站尚属首次。水电站单机容量 4 万 kW，总装机为 16 万 kW，年发电量 7.6 亿 kWh。尼那水电站是一座日调节的中型水电站，库容较小而来沙较多。

尼那水电站枢纽位于青海省贵德县境内黄河干流上，距上游拉西瓦水电站坝址 8.6 km、龙羊峡水电站 41 km。坝址距西宁市公路里程 124 km（直线距离 80 km），距下游贵德县公路里程约 20 km。尼那水电站工程属Ⅲ等中型工程，枢纽由左岸副坝、左岸泄水闸、泄水底孔、电站厂房坝段（排沙孔）、右岸副坝、右岸开敞式 110 kV 开关站、上坝及进厂公路、尼那沟防护等组成。设计正常蓄水位 2 235.5 m，坝顶高程 2 238.2 m，最大坝高 50.9 m，总库容 0.262 亿 m³，总装机容量 160 MW。

图 2-8　尼那水电站

2.1.2.3　李家峡水电站

李家峡水电站枢纽工程（见图 2-9）是黄河上游龙羊峡至青铜峡河段梯级开发原规划的第 3 座大型水电站，是一个以发电为主，结合灌溉的综合利用的水利枢纽工程。坝址距离李家峡峡谷出口约 2 km，右岸为青海省尖扎县、左岸为青海省化隆县，与西宁市直线距离 55 km，公路里程 112 km。

图 2-9　李家峡水电站

李家峡水电站坝址断面控制流域面积 136 747 km²，水库正常水位 2 180 m，库容 16.5 亿 m³，枢纽工程设计防洪标准为 1 000 年一遇洪水 4 940 m³/s 设计，10 000 年一遇洪水 7 220 m³/s 校核，经水库调节后下泄流量分别为 4 100 m³/s 和 6 300 m³/s，为日、周调节水库。

李家峡水电站枢纽工程由三心圆双曲混凝土拱坝、左岸重力墩、左岸副坝、泄水建筑物、引水建筑物、坝后双排机组厂房、330 kV 出线站等永久性建筑物组成。最大坝高 155 m，最大坝底宽 45 m，坝顶宽 8 m，坝顶轴线长 414 m，坝顶高程 2 185.0 m。

2.1.2.4 直岗拉卡水电站

直岗拉卡水电站（见图 2-10），地处青藏高原，是黄河上游第 4 个梯级电站，工程所处区域属生态环境十分敏感和脆弱的青藏高原。它位于青海省尖扎县与化隆县交界的黄河干流上，电站坝址距上游李家峡水电站 7 km，距西宁市公路里程 109 km。水库正常蓄水位 2 050 m，总库容 1 540 万 m³。电站安装 5 台单机容量为 38 MW 的灯泡贯流式机组，设计水头 12.5 m，年平均发电量 7.62 亿 kWh。

图 2-10　直岗拉卡水电站

直岗拉卡是中国第一个由外商独资兴建的国家级中型水电站，由香港真兴集团公司和美国爱依斯（AES）集团公司合资兴建，也是青海省最大的外商投资项目和重点工程。地处李家峡下游 7 km 处，是黄河上游从龙羊峡至寺沟峡 350 km "黄金水道" 上开发的第 4 个梯级电站，投资 14.2 亿元，是一个以发电为主，兼有灌溉效益的中型水利枢纽工程。电站属于河滩式电站，由河滩式电站厂房、平底泄洪闸及堆石坝组成。电站坝顶高程为 2 052 m，正常蓄水位高程 2 050 m，最大坝高 42.5 m。电站设计 5 台 3.8 万 kW 贯流式水轮发电机组，总装机容量为 19 万 kW，年平均发电量为 7.62 亿 kWh，库容为 0.154 亿 m³。

2.1.2.5 康扬水电站

康扬水电站（见图 2-11）位于青海省尖扎县与化隆县交界的黄河干流上，上距李家峡水电站 17 km，下距公伯峡水电站约 53.0 km，是黄河上游龙羊峡—刘家峡河段梯级开发规划中几个大型电站之间的川地河段上拟建的 7 个中型电站的第四个电站。距青海省省会西宁市公路里程 105 km。

康扬水电站为 Ⅱ 等大（2）型工程，枢纽主要建筑物等级为 2 级，工程主要任务是发电。水库正常蓄水位为高程 2 033 m，总库容 2 880 万 m³，电站设计水头 18.7 m，总装机容量 283.5 MW（7 × 40.5 MW），多年平均发电量 9.92 亿 kWh。枢纽主要建筑物由挡水坝、引水发电系统、泄洪闸和开关站组成。工程枢纽布置采用 7 台贯流式机组。工程总工期 44 个月，第一台机组发电工期 30 个月。坝址控制流域面积 13.74 万 km²，多年平均径流量 216 亿 m³。工程区内地质构造相对稳定，地震基本烈度为 7 度。

图 2-11　康扬水电站

2.1.2.6　公伯峡水电站

公伯峡水电站（见图 2-12）工程位于青海省循化县和化隆县的交界处，距循化县 25 km，距西宁市 153 km。该电站是黄河干流上游龙羊峡至青铜峡河段中第四座大型梯级电站，是一座以发电为主，兼顾灌溉、供水的 I 等大（1）型工程。公伯峡水电站枢纽由面板堆石坝、引水发电系统和泄水建筑物三大部分组成。坝顶高程 2 010 m，最大坝高 133 m，泄洪建筑物由左岸溢洪道、左岸泄洪洞及右岸泄洪洞组成，右岸泄洪洞原设计为与导流洞结合的"龙抬头"泄洪洞形式，为减少施工风险，经科研研究将龙抬头形式泄洪洞改为旋流消能式泄洪洞。

图 2-12　公伯峡水电站

公伯峡水电站水库总库容 6.2 亿 m³，调节库容 0.75 亿 m³，为日调节水库。电站装机容量 1 500 MW，保证出力 492 MW，多年平均发电量 51.4 亿 kWh。

2.1.2.7 苏只水电站

黄河苏只水电站（见图 2-13）位于青海省循化县与化隆县交接处的黄河干流上，是黄河上游龙羊峡—刘家峡河段梯级开发中的第 9 座梯级电站。坝址河道上游 12 km 为在建的公伯峡水电站，下游 148 km 为已建的刘家峡水电站，坝址距西宁市公路里程 148 km。

图 2-13 苏只水电站

苏只水电站工程以发电为主，并兼顾少量灌溉等综合利用效益，由河床式发电厂房、泄洪闸、右岸堆石坝及开关站等建筑物组成。坝址以上流域面积 144 750 km^2，多年平均流量 703 m^3/s。水库正常蓄水位 1 900 m，水库总库容 0.455 亿 m^3，为日调节水库，电站总装机容量 225 MW，多年平均发电量 8.79 亿 kWh，总投资 13.244 9 亿元，第 1 台机组发电工期 29 个月，总工期 38 个月。

2.1.2.8 黄丰水电站

黄丰水电站（见图 2-14）位于青海省循化县的黄河干流上，上距苏只水电站 9 km，下游为积石峡水电站，是黄河上游梯级开发的中型水电站之一。距青海省西宁市公路里程 159 km。

黄丰水电站工程的主要任务是发电。水库正常蓄水位 1 880.50 m，总库容 5 900 万 m^3，电站额定水头 16.0 m，总装机容量 225 MW，安装 5 台单机容量为 45 MW 的灯泡贯流式水轮发电机组，多年平均发电量 8.654 亿 kWh，年利用小时数 3 846 h。

工程主要由河床式电站厂房、泄洪闸、右岸沙砾石坝等建筑物组成，大坝最大坝高 45.2 m。按 2010 年一季度价格水平测算，工程静态总投资 20.79 亿元，动态总投资 23.14 亿元。

2.1.2.9 积石峡水电站

积石峡水电站（见图 2-15）位于青海省循化县境内积石峡出口处，是黄河上游干流"龙青段梯级规划"的第 11 座电站。电站距循化县城 30 km，距省会西宁 206 km，距民和县城 100 km。

图 2-14　黄丰水电站

　　枢纽主要建筑物由混凝土面板堆石坝、溢洪道、中孔泄洪洞、泄洪排沙底孔、引水发电系统、坝后厂房等组成。工程规模为Ⅱ等大（2）型，大坝为 1 级建筑物，泄水建筑物、引水发电及厂房均为 2 级筑物。工程主要任务是发电，水库为日调节水库，正常蓄水位 1 856 m，最大坝高 101 m，总库容 2.94 亿 m³，最大发电水头 73 m，总装机容量 1 020 MW，保证出力 332.3 MW，多年平均发电量 33.63 亿 kWh。施工总工期 6 年，第一台机组发电 5 年。工程静态投资 53.211 6 亿元，总投资 62.565 3 亿元。单位千瓦静态投资 5 217 元／kW，单位千瓦动态投资 6 134 元／kW，单位千瓦时投资 1.58 元／kWh。

图 2-15　积石峡水电站

2.2 自然地理

黄河流域的面积为 752 443 km², 河长 5 464 km, 年水量 580 亿 m³, 为我国第二大水系, 也是我们中华民族的母亲河。黄河发源于青藏高原巴颜喀拉山北麓的雪山, 穿越青藏高原、黄土高原、华北平原三大台阶, 横贯青海、四川、甘肃、内蒙古、陕西、山西、河南、河北、山东九省区, 于山东垦利、利津两县之间流入渤海。黄河自河源流出经玛多、达日、甘德, 在久治县门堂乡至青甘两省交界, 在郎玛公玛汇口进入甘肃省, 后又流经青甘交界, 至塔吉柯村出官仓峡进入甘肃省。黄河进入甘肃省部分河段为甘肃、四川两省界河, 并转 180° 的 "S" 大转弯, 进入甘青交界, 复回到青海省进入拉加峡, 进入河南蒙古族自治县, 经玛沁、兴海、贵南又出现第二个大拐弯, 经贵德、尖扎、化隆、循化, 在民和县官亭以下青甘两省交界的寺沟峡进入甘肃省境内, 干流长 1 983 km（包括四川、甘肃玛曲段大转弯的长度）, 流域面积 14.38 万 km², 流经青海省 4 州 1 地区 16 个县, 青海省境内干流全长 1 694 km, 流域面积 12.10 万 km²。

黄河上、中、下游划分图见图 2-16。内蒙古托克托县河口镇以上的黄河河段为黄河上游, 见图 2-17。上游河段全长 3 472 km, 流域面积 38.6 万 km², 流域面积占全黄河总量的 51.3%。上游河段总落差 3 496 m, 平均比降为 1%; 河段汇入的较大支流（流域面积 1 000 km² 以上）43 条, 径流量占全河的 54%; 上游河段年来沙量只占全河年来沙量的 8%, 水多沙少, 是黄河的清水来源。上游河道受阿尼玛卿山、西倾山、青海南山的控制而呈 S 形弯曲。黄河上游根据河道特性的不同, 又可分为河源段、峡谷段和冲积平原三部分。

图 2-16 黄河上、中、下游划分图

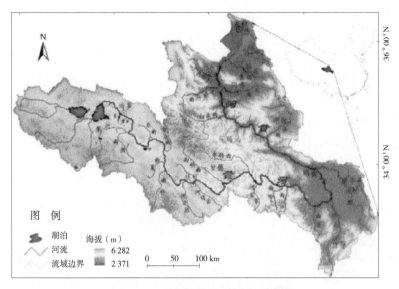

图 2-17　黄河上游流域区及水系图

从青海卡日曲至青海贵德龙羊峡以上部分为河源段，见图 2-18。河源段从卡日曲始，经星宿海、扎陵湖、鄂陵湖到玛多，绕过阿尼玛卿山和西倾山，穿过龙羊峡到达青海贵德。河流曲折迂回，两岸多为湖泊、沼泽、草滩，水质较清，水流稳定，产水量大。河段内有扎陵湖、鄂陵湖，两湖海拔都在 4 260 m 以上，蓄水量分别为 47 亿 m³ 和 108 亿 m³，为中国最大的高原淡水湖。青海玛多至甘肃玛曲区间，黄河流经巴颜喀拉山与阿尼玛卿山之间的古盆地和低山丘陵，大部分河段河谷宽阔，间或有几段峡谷。甘肃玛曲至青海贵德龙羊峡区间，黄河流经高山峡谷，水流湍急，水力资源丰富。发源于四川岷山的支流白河、黑河在该段内汇入黄河。

（a）　　　　　　　　　　　　　　（b）

图 2-18　黄河上游河源段

从青海龙羊峡到宁夏青铜峡部分为峡谷段，见图 2-19。该段河道流经山地丘陵，因岩石性质的不同，形成峡谷和宽谷相间的形势。在坚硬的片麻岩、花岗岩及南山系变质岩地段形成峡谷；在疏松的砂页岩、红色岩系地段形成宽谷。该段有龙羊峡、积石峡、刘家峡、八盘峡、青铜峡等 20 个峡谷，峡谷两岸均为悬崖峭壁，河床狭窄、河道比降大、水流湍急。该段贵德至兰州间，是黄河三个支流集中区段之一，有洮河、湟水等重要支流汇入，使黄河水量大增。龙羊峡至宁夏下河沿的干流河段是黄河水力资源的"富矿"区，也是中国重点开发建设的水电基地之一。

（a）

（b）

图 2-19　黄河上游峡谷段

　　从宁夏青铜峡至内蒙古托克托县河口镇部分为冲积平原段，见图 2-20。黄河出青铜峡后，沿鄂尔多斯高原的西北边界向东北方向流动，然后向东直抵河口镇。沿河所经区域大部分为荒漠和荒漠草原，基本无支流注入，干流河床平缓，水流缓慢，两岸有大片

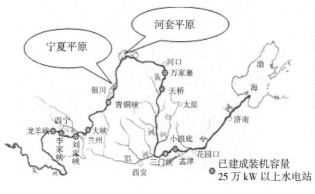

图 2-20　黄河上游冲积平原

冲积平原，即著名的银川平原与河套平原。沿河平原不同程度地存在洪水和凌汛灾害。河套平原西起宁夏下河沿，东至内蒙古河口镇，长达 900 km，宽 30 ~ 50 km，是著名的引黄灌区，灌溉历史悠久。

从径流沿河分配来看，河源地区由于降水量及年蒸发量变化大，所以径流年际变化大而且径流量较小。河源到吉迈区间，降雨量逐渐增加，河道调蓄能力增强，径流逐步趋于稳定且量值有较大增加。吉迈—玛曲河段，由于地形条件有利，降雨量丰沛，为黄河上游主要产流区。沿河沼泽星罗棋布，植被良好，径流十分稳定。玛曲—唐乃亥河段，降水量逐渐减少，水量增加较小，植被较差，河道下切较深，河道调蓄能力减弱，径流年际变化有所增加，但幅度不大。班多—龙羊峡库尾区间较大的一级支流主要有曲什安河、巴沟河、大河坝河、茫拉河，各支流已相继开发。水电开发河段区域均为农牧区，地方政府主要利用支流修建水电站以保证地方用电需求。各支流基本情况如下：

（1）巴沟河（见图 2-21）。系黄河右岸一级支流，全长约 142 km，位于羊曲水电站库尾，多年平均流量 9.1 m³/s，河道比降为 9.24‰，在同德县班多村汇入黄河，未进行水电规划，但上游地区已建牧场（500 kW）、香池（3 200 kW）、巴河一级（1 600 kW）、戈迈一级（800 kW）、戈迈二级（640 kW）、戈迈三级（800 kW）、巴沟（1 600 kW）等地方小水电。其中，戈迈一级与戈迈三级为闸坝式电站，其他均为引水式电站。目前，巴沟河下游约 11 km 河段未进行开发，现场调查两岸植被条件较好，河流平缓，为砂砾石底质，有多处河漫滩分布，存在花斑裸鲤、高原鳅类的产卵场所，可作为鱼类栖息地进行保护。

图 2-21　巴沟河

（2）曲什安河（见图 2-22）。位于兴海县南部，系黄河左岸一级支流，全长约 201.8 km，多年平均流量为 25.3 m³/s，平均比降 9.3%，在班多坝址下游大米滩处汇入黄河。曲什安河已建电站 2 座，其中曲什安电站为岸边式取水，厂房位于入黄河河口区域，由于班多电站的兴建，已经废弃。根据《青海省海南藏族自治州兴海县曲什安河上游段（年扎河口—赛什塘段）水电梯级开发规划报告》（2007 年）规划曲什安河规划布置 8 座梯级电站，自上而下为满龙（2.5 万 kW）、温泉（3 万 kW）、双龙（4 万 kW）、百盘峡（5 万 kW，在建）、尕曲（8 万 kW，在建）、党村（2.4 万 kW，在建），共利用水头 497.1 m，总装机容量 30.075 万 kW，年发电量 12.27 亿 kWh。根据黄河上游水电开发公司调查，曲什安河浮游植物密度为 85 000 cells/L，生物量为 0.230 53 mg/L；浮游动物密度为 140 cells/L，生物量为 0.035 mg/L。曲什安河河谷呈 V 字形，河谷宽 50～200 m，水面最窄处只有 5 m。曲什安底质为泥沙伴有砾石、上游坡陡水急、下游河势平缓，泥沙含量相对较小，透明度 30 cm 以上，下游水深 0.1～0.6 m，水体偏碱性。曲什安河已有 4 座已建或在建水电站，班多电站距入河口较近，已对干、支流水域联通性造成了破坏。因此，曲什安河作为栖息地保护支流的条件较差。

图 2-22　曲什安河

（3）大河坝河（见图 2-23）。系黄河左岸一级支流，全长约 165.3 km，多年平均流量为 12.2 m³/s，平均比降 12.2%，在海南州兴海县唐乃亥乡汇入黄河。目前，大河坝河下游的唐乃亥（500 kW）和拉日干（250 kW）电站已经建成，为岸边引水式小水电。除已建唐乃亥和拉日干水电站外，《海南州境内黄河干支流水电综合发展规划》中布置的其他小水电不再开发。大河坝河已建 2 座小水电为岸边式取水发电，对现有河道未形成阻隔影响，支流生境保存较完整。根据水生专题单位调查，大河坝河浮游植物密度为 51 500 cells/L，生物量为 0.153 75 mg/L；浮游动物密度为 25 cells/L，生物量为 0.062 5 mg/L。大河坝河河谷宽度 300～1 000 m，沟深谷广，两岸多为宽谷河道，独特的底质地貌形成了良好的气候环境，河谷内植被覆盖率较高，河势平缓、水流速度为 0.2 ~ 1.1 m/s，透明度在洪水期约 9 cm，枯水期明显改善，水深在 0.1 ~ 1.0 m，河流底质为砾石、泥沙形，现场捕获鱼类有花斑裸鲤、厚唇裸重唇鱼、拟硬刺高原鳅，均为干流天然河道生存的鱼类。大河坝河具备做为鱼类栖息地保护的条件。

图 2-23　大河坝河

（4）茫拉河（见图 2-24）。系黄河右岸一级支流，位于羊曲坝址下游 20 km，汇入龙羊峡库区。全长约 143.3 km，总流域面积 3 000 km²，多年平均流量为 7.1 m³/s，平均比降 9.8%，总落差 1 524 m，河漫滩最宽可达 300 m，河右岸陡峭，左岸为河谷台地，上游平缓，下游切割较深，河床由砂砾石组成。根据海南州人民政府组织编制的《海南州境内黄河干支流水电综合发展规划》（2009 年），茫拉河干流现已开发水电 8 130 kW，占可开发资源量的 78.3%。目前，茫拉河已布置梯级 8 座，自上而下布置了郭玉乎（1.26 kW）、鲁仓（0.25 kW）、吴宝湾（1 kW）、县城（0.2 kW）、茫拉河（0.5

图 2-24　茫拉河

kW）、加群（0.15 kW）、都兰（1 kW）、茫拉峡（3.2 kW）。根据黄河上游水电开发公司水生专题单位调查，茫拉河浮游植物密度为 238 000 cells/L，生物量为 0.825 8 mg/L；浮游动物密度为 210 cells/L，生物量为 0.052 5 mg/L。茫拉河水电梯级布置已十分密集，茫拉河河口汇入黄河干流存在较大跌水，已建茫拉峡水电站利用该跌水进行发电，支流水域联通性和完整性较差。茫拉河比降较小，水流平缓，河谷开阔，植被较好，河谷宽 10～100 m，平均水面宽度约 8 m，底质为砾石，但由于河段穿行于居民村落，受人为因素影响较大。入库区河段泥沙含量相对较小，透明度大于 20 cm，水深 0.3～1.5 m，该河流下游河段在枯水期基本处于脱水状态，几乎无流速，水量较小，水体偏碱性。中游水环境较好、植被较丰富，下游河段植被较差，分布鱼类以条鳅亚科鱼类居多，生物多样性较差。总体上作为鱼类栖息地保护的条件较差。

为探究黄河上游水文情势变化，本书选定茨哈—龙羊峡区段为研究区域。茨哈—龙羊峡区段为黄河上游第一大暴雨区，黑河、白河加入，使其水量大增，是唐乃亥以上的主要产洪区。从玛曲到羊曲，河道穿行于高山峡谷，两岸山势险峻，山体雄厚，岩石裸露。河道水流湍急，河谷平均宽度为 40～60 m，阶地不甚发育，落差较大，产水量一般。玛曲以上流域植被覆盖率较高，水土保持良好。黄河上游茨哈—班多河段以上目前没有大中型水电工程，人类活动影响小，对干流日平均流量影响甚微。茨哈—羊曲河段大致可分为两段。河段上段从特秀沟口至班多峡口长 87 km，天然落差 283 m，河道平均比降 3.25%，全部是高山深峡谷段。两岸山势陡峻，山体雄厚，岩石裸露，两岸高出河水面 300～100 m；河谷狭窄，婉蜒曲折，水流湍急，平均河谷宽 40～60 m，两岸阶地不甚发育，局部有高阶地。除高阶地有少数放牧点外，几乎荒无人烟，交通极困难。河段下段经过曲什安乡、唐乃亥乡、小平川功吾峡、羊曲小平川进入羊曲峡谷羊曲坝址，长 74 km，天然落差 118 m，河道平均比降 1.59%。除加吾峡两岸山势陡峻，其余两岸山势相对较平缓，山体雄厚，高出河水面 200～300 m，河道迂回曲折，河谷相对稍宽，沿河两岸有大米滩、才乃亥玛及卢绢、唐乃亥、羊曲等乡村，耕地及居民稍多，交通相对较方便。茨哈至班多河段穿行于高山峡谷之间，两岸无重要城镇，无工矿企业，人口稀少，耕地不多，河段内基本无工农业用水及防洪等综合利用要求。河段开发任务为发电。羊曲水库库区在当地农牧业区划上属河谷小块农业区，河段开发任务主要为水力发电。根据河段的开发任务、自然条件和特点，茨哈—羊曲河段梯级开发方案本着充分合理利用水力资源、减少淹没损失和使各梯级水位合理衔接的原则，比较了茨哈、江前、班多、羊曲四级和茨哈、班多、羊曲三级两组开发方案。两组开发方案综合比较，能量指标基本相当，三级开发方案略优；三级开发总静态投资比四级开发减少 6%，单位千瓦和单位电度投资三级开发比四级开发分别降低 7.8% 和 7.6%；三级开发减少了施工条件十分困难的江前梯级，开发总工期比四级可减少 4 年，相对而言，三级开发施工条件好于四级。因此，原规划阶段推荐茨哈（2 980 m）、班多（2 845 m）、羊曲（2 680 m）三级开发方案。根据各梯级地形地质条件、能量指标、投资及经济指标、淹没损失、施工条件等综合分析比较，推荐梯级开发顺序为班多、羊曲、茨哈，班多水电站为近期工程。

茨哈至龙羊峡水电站河段比较顺直或被切割成峡谷，河谷呈 V 形或 U 形，河流婉蜒曲折，水流湍急，水面一般宽 30 ~ 60 m。以班多水电站为例，坝址处黄河总体流向 NE 17°，河谷基本顺直，呈 U 形。河床较宽阔，两岸岸顶为 Ⅱ、Ⅲ 级阶地，地形平缓，岸坡中陡。左岸 Ⅱ、Ⅲ 级阶地较发育，宽 60 ~ 166 m，Ⅲ 级阶地阶面高程 2 775 ~ 2 783 m，地势较缓，上部为粉质壤土，下部为砂卵砾石层，呈松散状；Ⅱ 级阶地阶面高程 2 754 ~ 2 756 m，地势平坦，主要堆积含漂石砂卵砾石，松散无胶结，为基岩岸坡，坡度总体平缓。右岸 2 720 ~ 2 745 m 高程，地形呈陡坡。平水期河水面高程 2 719.0 m，水面宽度为 45 ~ 80 m，河床覆盖层深度 5 ~ 9.6 m，河床基岩面最低高程为 2 701 m，基本为薄层板岩夹砂岩层。

龙羊峡水电站坝址位于龙羊峡谷进口 1.5 km 处，即选定的二坝址四坝线。建坝处河流由 NE45° 转为 EW 再转 NE45° 方向，大坝布置在长约 350 m 的 EW 向河流直段上，坝后约 300 m 处有 NNW 向断层带横切河床，形成冲沟。同走向的断层带在坝后 35 m（2 580 m 高程）至 80 m 处出现。左岸坝肩十分单薄，给大坝布置带来困难。河谷呈 V 形，高 150 ~ 160 m，平水期河水面宽 30 ~ 40 m，谷顶宽 200 ~ 220 m，河谷宽高比为 1.5，平均坡度 60°，局部垂直，是理想的修建拱坝的地形。坝址经多次构造运动影响，断裂发育。坝后约 300 m 处还有 NNW 向断层带，伴随着普遍发育的 NE、NNW 向延伸数十米的陡倾裂隙，在一定区域存在的 NWW 向陡倾裂隙，和 NNW 向中缓夹泥裂隙等相互切割，形成了复杂的工程地质背景。因此，大坝设计中必须注意如何对坝肩抗滑稳定和承载有利，解决近坝断裂的压、剪集中变形及其他问题。

公伯峡至积石峡段河道比较顺直或被切割成 20 km 长的峡谷，河谷呈 V 形或 U 形，谷底宽 320 ~ 360 m，峡谷高出水面 300 ~ 500 m，库岸陡峻，岸坡多大于 45°，部分近直立。河流蜿蜒曲折，水流湍急，水面一般宽 30 ~ 60 m。

2.3　气候概况

茨哈至龙羊峡段属黄土高原与青藏高原交界地带，气候属高原大陆性气候，表现为春季多风干旱，夏季短促凉爽，秋季低温多雨，冬季漫长干燥。区域内具有光热条件丰富，水分条件不足的特征。主要灾害性天气有干旱、冰雹、低温与霜冻。

黄河上游龙羊峡以上流域地处内陆高原，海拔高，具有高原气候特点。日照时间长，冬季寒冷，持续时间长；夏季凉爽，历时较短。气温随海拔的升高而降低。多年平均气温为 –3.8 ~ 4.0℃。从年降水量来看，时空分布很不均匀。河源地区以黄河沿站为代表，年降水量为 321.6 mm，向下游降水逐渐递增，到了吉迈—玛曲河段年降水量为 600 mm，最大可达 965 mm，自玛曲以下降水量开始递减，多年平均降水量为 470 mm。从降水量的年内分配来看，降水多集中在 6 ~ 9 月，约占全年降水量的 75%。年蒸发量从河源至玛曲由西向东递减，玛曲以下，由于流域植被较玛曲以上差，年蒸发量又开始增大，河源至班多年蒸发量为 1 322.5 ~ 1 482.4 mm。同德气象站位于同德县城，属于青海省气象局下属的国家基本测站，设立于 1961 年，观测项目比较齐全。据同德站 1971 ~ 2000 年的气象资料统计，该河段多年平均气温 0.5℃，多年平均相对湿度为

56%，多年平均降水量为425.2 mm，主要集中在6～9月，约占全年降水量的75%，多年平均蒸发量在1 482.4 mm，无霜期仅为2个月。班多地处内陆高原，属青藏高原气候系统，为典型的大陆性气候。表现为冷热两季交替、干湿两季分明，年温差小、日温差大、日照时间长、辐射强烈，四季区分不明显的气候特征。冷季较长，热量少、降水少、风沙大；暖季水汽丰富、降水量相对较多。多年平均气温为0.3～2.1℃，日照大多在2 600 h以上，多年平均降水量为410～440 mm，自西向东呈递减规律。灾害性气候主要有干旱、雪灾、冰雹等。

以同德气象站为代表站，多年平均气温0.5℃，极端最高气温29.8℃，极端最低气温约−37.2℃，多年平均相对湿度为56%，多年平均降水量为425.2 mm，多年平均蒸发量为1 482.4 mm，无霜期短，年主导风向为东北风，年平均风速为3.1 m/s，最大风速为25 m/s，全年大风日数为36.5 d，日照时数2 812.4 h，最大积雪深度20 cm，最大冻土深度162 cm。灾害性气候主要有干旱、雪灾、冰雹等。

公伯峡至积石峡段属黄土高原与青藏高原交界地带，气候属高原大陆性气候，表现为春季多风干旱，夏季短促凉爽，秋季低温多雨，冬季漫长干燥。区域内具有光热条件丰富，水分条件不足的特征。主要灾害性天气有干旱、冰雹、低温与霜冻。

以循化气象站为代表，该站多年平均降水量266.1 mm，蒸发能力2 189 mm（200 mm蒸发器资料），多年平均气温8.5℃，多年平均相对湿度为54%，最大风速24 m/s。

黄河谷地（俗称川水地区）气温温和，多年平均气温8.5℃，历年极端最高气温34.1℃，最低气温−19.9℃。月平均气温以7月最高19.7℃，1月最低−5.2℃。大于5℃年平均气温积温3341.3℃。黄河河谷地区无霜期为220 d。一般川水地区年日照时数为2 600 h左右。历年平均大于八级大风日数为24.8 d。

黄河谷地年内降水分布不均，夏季（6～8月）降水量占全年降水量的63.5%，春季（3～5月）降水量仅占16.2%，秋季（9～11月）降水量占19.9%，冬季（12月）仅占0.4%。降水的年际变化较大，最多年降水量为403.9 mm（1985年），而最少年降水量只有182 mm（1982年）。自然降水量具有高原大陆气候的特点：降水日数多，而强度小，夜雨多。

2.4　水资源量

据《黄河流域综合规划（2012—2023年）概要》（水利部黄河水利委员会，2007）显示，黄河干支流可开发的水电站总装机容量34 741 MW，干流30 411 MW，见表2-1。黄河龙羊峡至刘家峡河段是我国已建和在建水电站梯级最为集中的河段之一，其间规划的水电站（见表2-2）渐渐完工投产，因此水电规划与开发逐渐转向黄河源区。

表 2-1 黄河上游水库特征值

水库名称	坝高（m）	库容（亿 m³）	装机（万 kW）	年发电量（亿 kWh）	年蒸发量（mm）	主要用途	级别
黄河源	18	24	0.025	0.175 3		发电	小（2）型
塔塔尔	103	25	15	6.44		发电	中型
官仓	160	45	54	23.46		发电	大（2）型
赛纳						发电	
门堂	168	70	58	25.38		发电	大（2）型
塔吉柯一级						发电	
塔吉柯二级	85	11.5	26	11.3		发电	大（2）型
首曲	136	81	110	44.52		发电	大（1）型
宁木特	160	44.57	110	41.2		发电	大（1）型
玛尔挡	211	14.82	220	70.54		发电	大（1）型
尔多	99	1.6	72	32.28	1 484	发电	大（2）型
茨哈	252	44.74	260	91.45		发电	大（1）型
班多	78.45	0.153 5	36	24.97	1 482.4	发电	大（2）型
羊曲	150	14.724	120	47.406	1 378.5	发电	大（1）型
龙羊峡	178	247	128	59.42	2 000	发电、防洪	大（1）型
拉西瓦	250	10.79	420	102.33		发电	大（1）型
尼那	50.9	0.26	16	7.63		发电	中型
山坪		1.24	18	6.61			中型
李家峡	155	16.5	200	59	1 881.4	以发电为主，兼有灌溉等综合效益	大（1）型
直岗拉卡	42.5	0.15	19.2	7.01			中型
康扬		0.288	28.4	9.92			大（2）型
公伯峡	133	6.2	150	49.2	2 189.4	以发电为主，兼顾灌溉及供水	大（1）型
苏只	51.65	0.455	22.5	8.79	2 189.1		中型
黄丰	45.2	0.6	24.8	9.5			中型
积石峡		2.94	102	33.63	2 131.4	发电	大（1）型

班多水电站位于青海省兴海县与同德县交接的班多峡谷出口处，2010 年下闸蓄水，11 月单台机组投产发电，2011 年 5 月最后一台发电机组并网发电，最大坝高 63 m，水库正常蓄水位 2 760 m，电站利用落差 37 m，装机容量 360 MW，年发电量 14.18 亿 kWh，具有日调节性能。

表 2-2　龙羊峡以上在建、已建及规划水电站特征值

电站名称	电站经、纬度	正常蓄水位（m）	利用落差（m）	调节性能	装机容量（MW）
黄河源	E97°54'32"、N35°05'52"	4 270.15	13.4	无	2.5
塔格尔	E100°15'20"、N33°39'34"	3 940	93.9	年	192
官仓	E100°23'21"、N33°46'22"	3 845	48.2	日	118
塞纳	E100°42'03"、N33°55'36"	3 795	69.7	日	180
门堂	E101°05'18"、N33°51'30"	3 724	114.2	年	375
塔吉柯一	E101°24'45"、N33°40'33"	3 608	67.9	日	243
塔吉柯二	E101°33'09"、N33°41'09"	3 539	18.8	日	60
首曲	E101°52'09"、N34°01'41"	3 412	14.9	日	85
宁木特	E101°09'47"、N34°27'54"	3 390	120	年	870
玛尔挡	E100°41'36"、N34°40'20"	3 270	186	季	1 500
尔多	E100°24'00"、N34°49'02"	3 070	84	日	660
茨哈峡	E100°14'08"、N35°16'23"	2 980	228	季	2 000
班多	E100°16'25"、N35°18'37"	2 760	37	日	360

2.5　水环境水生态问题

　　一般所说的水环境，是指自然环境的一个重要组成部分，指自然界各类水体，如河流、湖泊、水库、海洋等的数量、质量状态的总和。在水量方面，如降水、蒸发、下渗、径流等的变化，是水文学的研究对象；在水质方面，如泥沙、水温、溶解氧、水中有机物、无机物、重金属、水生生物等的变化，是水环境科学主要的研究对象。水是水中各种物质的载体，水质状态与水量密切相关，例如丰水期一般水质较好，枯水期污染往往加重。因为水环境科学总是把两者作为一个整体来研究的，知识目标更加集中在水质变化上，所以往往把水环境和水质作为同义语来看待。随着对水环境的认识与发展，对水环境的研究突破了原来的自然环境的范畴，同时将人类活动对水环境的影响加入研究范畴。GB/T 50095 对水环境做出如下定义：水环境指的是围绕人群空间可直接或间接影响人类生活和发展的水体，及影响其正常功能的各种自然环境和有关社会因素的总体。

　　从全流域看，黄河发源于青藏高原巴颜喀拉山海拔 4 500 m 的约古宗列盆地，流经青海、四川、甘肃、宁夏、内蒙古、陕西、山西、河南、山东等九省区，最后注入渤海，干流河道全长 5 464 km，流域面积 79.5 万 km²。与其他江河不同，黄河流域上中游地区的面积占总面积的 97%；长达数百千米的黄河下游河床高于两岸地面之上，流域面积只占 3%。全流域多年平均降水量 466 mm，总体趋势是由东南向西北递减，降水量最多的是流域东南部湿润、半湿润地区，如秦岭伏牛山一带年降水量达到 800 ~ 1 000 mm，降

水量最少的是流域北部的干旱地区，如宁蒙河套平原年降水量只有 200 mm 左右。黄河突出的特点是"水少沙多"，全河多年平均天然径流量 535 亿 m³，仅占全国河川径流总量的 2%。黄河水沙来源地区不同，水量主要来自兰州以上、秦岭北及洛河、沁河地区，泥沙主要来自河口镇至龙门区间、泾河、北洛河及渭河上游地区，因此黄河上游泥沙较少。

内蒙古托克托县河口镇以上为黄河上游，汇入的较大支流（流域面积 1 000 km² 以上）有 43 条。青海省玛多以上为上游河源段，河段内有扎陵湖、鄂陵湖。海拔都在 4 260 m 以上，蓄水量分别为 47 亿 m³ 和 108 亿 m³，是我国最大的高原淡水湖。玛多至玛曲区间，黄河流经巴颜喀拉山与积石山之间的古盆地和低山丘陵，大部分河段河谷宽阔，兼有几段峡谷。玛曲至龙羊峡区间，黄河流经高山峡谷，水流湍急，水力资源较为丰富。龙羊峡至宁夏境内的下河沿，川峡相间，水量充沛，落差集中，是黄河水力资源的"富矿"区，也是全国重点开发建设的水电基地之一。黄河上游水面落差主要集中在玛多至下河沿河段，该河段干流占全河的 40.5%，而水面落差占全河的 66.6%。龙羊峡以上属高寒地区，人烟稀少，交通不便，经济不发达，开发条件较差。

下面分别以茨哈峡水电站和班多水电站为例，说明库区水环境状况。

根据中国水产科学研究院黄河水产研究所和中国电建集团西北勘测设计研究院有限公司联合完成的《黄河茨哈峡水电站建设对格曲河特有鱼类国家级水产种质资源保护区影响专题报告》的结果，库区流量变化趋于平缓；水库流速降低，泥沙沉积于库区；冬、夏季水库水温呈分布状态；水库底部溶解氧降低等。

根据青渔环监〔2011〕第 48 号，总第 178 号监测报告，2011 年 11 月黄河班多段水质化学因子监测结果（见表 2-3），各项检测指标均符合渔业水质标准。

表 2-3　班多水电站水质物理化学因子

项目	库区（坝前）	坝后	下游卡力岗桥	唐乃亥
水温（℃）	2.1	2	2	1
溶解氧（mg/L）	7.15	5.75	7.2	6.2
pH 值	8.55	8.54	8.43	8.51

黄河班多水电站段 2011 年 11 月浮游植物检测到 4 门 36 个种属，平均数量 63.69 万个 /L，平均生物量 0.469 8 mg/L。本次监测结果显示，浮游植物种群结构表现为典型的河流生态类型，仍以适宜冷凉水体的硅藻占据优势。浮游植物数量及生物量比 10 月稍高，具体表现在硅藻、绿藻和隐藻数量下降，蓝藻数量有所上升，但变化不大，仍以硅藻占绝对优势，分别占数量的 84.95%、生物量的 98.29%，这可能与水体环境状况有关。

班多水电站下游卡力岗桥和班多水电站唐乃亥（在回水湾采样）两个采样点，由于人为活动频繁，生活污水的排放，水体营养盐比较高，有利于浮游植物的生长和繁殖。

黄河班多段 2011 年 12 月共检测到浮游动物 2 类 4 种属。其中，原生动物 2 种属，轮虫 2 种属。浮游动物分布较广的有螺形龟甲轮虫。浮游动物数量变幅为 0 ~ 2.01 个 /L，平均数量 0.91 个 /L，浮游动物生物量变幅为 0 ~ 0.001 0 mg/L，平均生物量 0.000 4 mg/L。

本次监测由于该河段水温比 10 月监测期间下降明显，浮游动物种类、数量及生物量进一步下降，浮游动物种类由 10 月的 8 个种属下降到本次的 4 个种属，数量由 9 月的 2.73 个/L 下降到本次的 0.91 个/L，生物量由 10 月的 0.001 9 mg/L 下降到本次的 0.001 0 mg/L。根据《水库渔业营养类型划分标准》，水体浮游动物量指标远小于 1 mg/L，数量少、生物量低，该水体为贫营养型水体。

黄河水生态系统是流域生态系统最重要的组成部分，河流廊道是流域内各斑块间的生态纽带，是陆生与水生生物间的过渡带，发挥着物质传输、信息交流、提供栖息地等重要生态功能。黄河作为连接河源、上中下游及河口等生态单元的"廊道"，是维持河流水生生物和洄游鱼类栖息、繁殖及沿河湿地生态系统稳定的重要基础。

黄河水生态系统受流域地理、气候、水资源、人类活动等影响，水生生态系统简单而脆弱，但许多土著或特有鱼类具有重要遗传与生态保护价值，是我国高原鱼类的资源宝库。因此，鱼类栖息地规模和质量是黄河河流健康的重要标志，是黄河水生态保护的重点关注对象。

黄河上游玛曲至龙羊峡区间，黄河流经高山峡谷，水流湍急，水力资源较为丰富。龙羊峡至积石峡河段，川峡相间，水量丰沛，落差集中，是黄河水力资源的"富矿区"，也是全国重点开发建设的水电基地之一。人类活动影响范围在黄河上游不断扩大，通过开挖河道等，改变河道生态系统固有的形态和物理结构，水利工程使河流破碎化，促使局地气候、水文条件以及物质循环和能量流动等发生变化，可能产生诸多的生态问题。全球气候变化、外来物种入侵、过度捕捞等，对河道水生态系统产生不同程度的影响。黄河上游河道区域的生态体系有一定的抵御内外干扰的能力和受到破坏后的恢复能力，但黄河源区的生态环境较为脆弱，在变化环境下对黄河上游河道水环境水生态受到的影响的研究是十分必要的，对黄河上游河道水生态环境保护具有重要意义。

第 3 章　水利工程对水生生物的影响

为掌握黄河上游梯级电站对水生生物的影响，开展了黄河上游河段的水生生物调查。水生生物调查以野外调查为主，结合资料收集和问讯。其中，野外调查内容主要来源于青海省渔业环境监测站对黄河上游茨哈—公伯峡河段连续多次调查。资料收集主要来源于黄河上游水电开发有限责任公司提供的关于鱼类增殖站及库区水生生物分布的部分资料。

3.1　水利工程对鱼类的影响

3.1.1　黄河土著鱼类调查时间和范围

黄河土著鱼类调查范围为自公伯峡水库回水与隆务河交汇处起至积石峡水库尾水（积石峡鱼类增殖站）。调查点布设情况如表 3-1 所示。

表 3-1　调查点布设

序号	调查地点	经、纬度		高程
1	公伯峡水库回水与隆务河汇合处	N35° 52.893′	、E102° 14.225′	H2 015 m
2	公伯峡水库库区水域	N35° 52.204′	、E102° 13.845′	H2 015 m
3	苏只水库回水（公伯峡水库尾水至公伯峡大桥间）	N35° 52.920′	、E102° 14.247′	H1 919 m
4	苏只水库库区水域	N35° 52.155′	、E102° 20.392′	H1 919 m
5	苏只水库尾水（苏只鱼类增殖站前）	N35° 52.317′	、E102° 20.357′	H1 873 m
6	循化积石吊桥	N35° 51.120′	、E102° 29.642′	H1 845 m
7	清水湾	N35° 50.187′	、E102° 32.035′	H1 836 m
8	孟达达庄吊桥	N35° 50.212′	、E102° 38.668′	H1 805 m
9	积石峡水库尾水（积石峡鱼类增殖站）	N35° 49.280′	、E102° 44.172′	H1 767 m

3.1.2　研究区域鱼类组成及区系特征

3.1.2.1　鱼类组成

根据鱼类区系研究方法，对调查范围内的鱼类资源进行全面调查。对采集的标本进行分类鉴定，综合以往的调查研究资料和 2005 ~ 2010 年的调查，通过分析整理，编制出鱼类种类组成名录。黄河公伯峡至积石峡段有鱼类 33 种，隶属 5 目 7 科 26 属，新记录 1 种，见表 3-2。

变化环境下黄河上游河道生态效应模拟研究

表3-2 黄河公伯峡至积石峡段鱼类名录

目	科	亚科	属	名录	备注
鲑形目	鲑科	鲑亚科	鲑属	虹鳟 *Salmo gairdneri*（Richardson）	*
			红点鲑属	美洲红点鲑 *Salrelinus fortinalus*（Mitchill）	（*）
			哲罗鱼属	哲罗鱼 *Hucho taimen*（Pallas）	（*）
		白鲑亚科	白鲑属	高白鲑 *Coregonus peled*（Gmelin）	（*）
	胡瓜鱼科	公鱼亚科	公鱼属	池沼公鱼 *Hypomesus olidus*（Pallas）	*
鲤形目	鲤科	雅罗鱼亚科	雅罗鱼属	黄河雅罗鱼 *Leuciscus chuanchicus*（Kessler）	⊕
			草鱼属	草鱼 *Ctenopharyngodon idellus*（Cuvier et Valenciennes）	（*）
		鲢亚科	鳙属	鳙 *Aristichthys nobilis*（Richardson）	（*）
			鲢属	鲢 *Hypophthalmichthys molitris*（Cuvier et Valenciennes）	（*）
		鮈亚科	刺鮈属	刺鮈 *Acanthogobio guentheri* Herzenstein	⊕
			鮈属	黄河鮈 *Gobio huanghensis* Lo，Yue et Chen	⊕
			麦穗鱼属	麦穗鱼 *Pseudorasbora parva*（Temminck et Schlegel）	*
			棒花鱼属	棒花鱼 *Abbottina rivularis*（Basilewsky）	*
		鲤亚科	鲤属	鲤 *Cyprinus*（C.）*carpio* Linnaeus	*
			鲫属	鲫 *Carassius auratus*（Linnaeus）	*
		裂腹鱼亚科	裸重唇鱼属	厚唇裸重唇鱼 *Gymnodiptychus pachycheilus* Herzenstein	+
			裸鲤属	花斑裸鲤 *Gymnocypris eckloni eckloni* Herzenstein	+
			裸裂尻鱼属	黄河裸裂尻鱼 *Schizopygopsis pylzovi* Kessler	+
			扁咽齿鱼属	极边扁咽齿鱼 *Platypharodon extremus* Herzenstein	+
	鳅科	条鳅亚科	高原鳅属	拟硬刺高原鳅 *Triplophysa*（T.）*pseudoscleroptera*（Zhu et Wu）	+
				硬刺高原鳅 *Triplophysa*（T.）*scleroptera*（Herzenstein）	+
				斯氏高原鳅 *Triplophysa*（T.）*stoliczkae*（Steindachner）	+
				黄河高原鳅 *Triplophysa*（T.）*pappenheimi*（Fang）	+
				拟鲇高原鳅 *Triplophysa*（T.）*siluroides*（Herzenstein）	+
				粗壮高原鳅 *Triplophysa*（T.）*robusta*（Kessler）	+
				东方高原鳅 *Triplophysa*（T.）*orientalis*（Herzenstein）	+
				修长高原鳅 *Triplophysa*（T.）*leptosoma*（Herzenstein）	+
		花鳅亚科	花鳅属	北方花鳅 *Cobitis.granoei* Rendahl	+
			泥鳅属	泥鳅 *Misgurnus anguillicaudatus*（Cantor）	*
			副泥鳅属	大鳞副泥鳅 *Paramisgurnus dabryanus*（Sauvage）	*
鲈形目	虾虎鱼科	虾虎鱼亚科	栉虾虎鱼属	子陵吻虾虎鱼 *Cterogobius giurinus*（Rutter）	（*）
鲇形目	鲇科		鲇属	兰州鲇 *Silurus lanzhouensis* Chen	⊕
鳉形目	鳉科		青鳉属	小青鳉 *Oryzias minutillus* Smith	（*）

注：+为土著鱼类；⊕为没有采集到的土著种；*为外来种；（*）2005年以来采到，但此次没有采到的外来种。

鲑形目 2 科 5 属 5 种，占总种类数的 15.2%；鲤形目 2 科 7 亚科 18 属 25 种，占 75.8%；鲈形目、鲇形目、鳉形目均 1 科 1 属 1 种，各占 3.0%。在科级分类中，鲑科鱼类 2 亚科 4 属 4 种，占 12.12%；鲤科 5 亚科 14 属 14 种，占 42.43%；鳅科 2 亚科 4 属 11 种，占 33.33%；胡瓜鱼科、虾虎鱼科、鲇科、鳉科均 1 属 1 种，各占 3.03%。鳅科和鲤科鱼类主要构成了鲤形目的鱼类，占绝对优势。各目、科鱼类组成及各科鱼类所占百分比如图 3-1 所示。

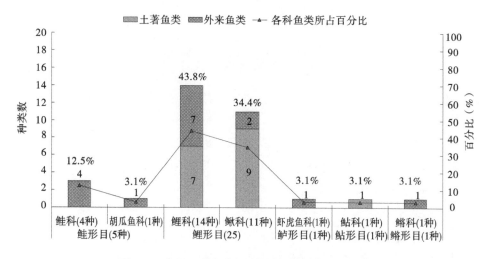

图 3-1　各目、科鱼类组成及各科鱼类所占百分比

土著鱼类 17 种，占 51.52%。外来鱼类 16 种，占 48.48%。土著鱼类与外来鱼类种类相当。鲑形目、鲈形目、鳉形目的鱼类全部为外来鱼类。

3.1.2.2　鱼类区系特征

土著鱼类 17 种，2 目 3 科 10 属，目和科级分类群较少。鲤形目 2 科 9 属 16 种，鲇形目 1 科 1 属 1 种。在鲤形目鱼类中，鲤科裂腹亚科 4 属 4 种，占土著鱼类的 23.5%；鳅科条鳅亚科 1 属 8 种，占 47.1%；鮈亚科 2 种，占 11.8%；花鳅亚科和鲇科各 1 种，各占 5.9%，见图 3-2。条鳅亚科和裂腹鱼亚科鱼类构成了本水系土著鱼类区系的主体。

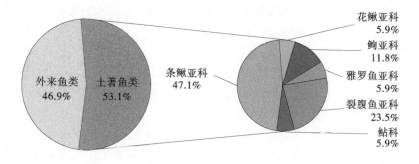

图 3-2　土著鱼类构成与比例

在黄河公伯峡至积石峡段的土著鱼类中，鱼类区系组成比较简单。属中亚高原区系复合体鱼类 12 种（裂腹鱼科和条鳅亚科鱼类），占 70.6%；属北方平原区系复合体鱼类 2 种（花鳅亚科和雅罗鱼亚科），占 11.8%；属中国平原区系复合体鱼类 2 种（鮈亚科），占 11.8%；属第三纪早期区系复合体鱼类 1 种（兰州鲇），占 5.9%，见图 3-3。中亚高原区系复合体鱼类构成鱼类区系主体成分，属典型的青藏高原鱼类区系特点。

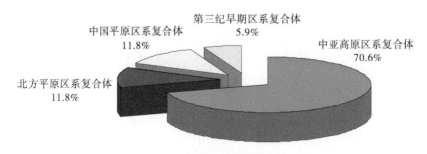

图 3-3　土著鱼类区系复合体组成

3.1.3　渔获物统计分析

3.1.3.1　渔业资源现状

1. 渔业资源概况

在黄河公伯峡至积石峡水域没有专业从事捕捞黄河鱼类资源的渔民和渔船。主要由当地人员在闲时进行捕捞，特别是旅游旺季，当地的一些居民在沿黄地区的缓水水域使用刺网捕捞，向餐馆销售。在公伯峡水库，有当地人员使用皮筏子进入库区捕捞鱼类。主要的渔具有单层刺网、三层刺网等。捕捞对象主要是花斑裸鲤、拟鲇高原鳅、黄河裸裂尻鱼、虹鳟、鲤、草鱼、鲫。土著鱼类的市场价格最高，其次是鲤、草鱼等鱼类，高于市场上的批发价格。

2. 水产养殖发展现状

近几年，在公伯峡库区、苏只库区水产养殖发展较快。截至 2010 年 12 月底，共有 7 个合作社（基地）从事集约化网箱养殖。其中，公伯峡水库从事水产养殖的合作社 1 个，网箱 112 只，面积 4 032 m²，养殖种类为虹鳟、金鳟、花斑裸鲤；在苏只水库从事水产养殖的合作社（基地）6 个，网箱 204 只，面积 7 344 m²，养殖种类主要为虹鳟、金鳟、花斑裸鲤。

3.1.3.2　渔获物种类组成

黄河公伯峡至积石峡段有鱼类 33 种，2009 年 6 月至 2010 至 10 月，捕获 793 尾，分类鉴定 23 种。17 种土著鱼类中，现场调查到 12 种，5 种没有调查到，外来鱼类现场调查到 8 种，另有 8 种为走访调查到和过去调查到的。

土著鱼类调查到 12 种，有裂腹鱼亚科的厚唇裸重唇鱼（翻嘴鱼、石花鱼）、花斑裸鲤（大嘴湟鱼）、黄河裸裂尻鱼（明江）、极边扁咽齿鱼（小嘴湟鱼），条鳅亚科的拟硬刺高原鳅（狗鱼）、硬刺高原鳅（胡子鱼）、斯氏高原鳅（胡子鱼）、粗壮高原鳅、黄河高原鳅（舌板）、拟鲇高原鳅（土鲇鱼）、修长高原鳅，花鳅亚科的北方花鳅。

有 5 种土著鱼类没有调查到，条鳅亚科的东方高原鳅、鮈亚科的刺鮈（俗称）、黄河鮈，雅罗鱼亚科的黄河雅罗鱼、鲇科的兰州鲇，这 5 种鱼类没有调查到的原因除资源量下降，种群数量稀少外，也可能与渔法有关。

外来鱼类调查到 16 种，现场采集到 8 种，虹鳟、池沼公鱼、麦穗鱼、棒花鱼、鲤、鲫、大鳞副泥鳅、泥鳅等。另外，草鱼、鳙是在公伯峡回水区域调查时，当地人员从库区捕捞出并在路边向外销售的。在走访调查时，在库区还分布有子陵吻虾虎鱼、高体鳑鲏、哲罗鱼。外来鱼类中，虹鳟、池沼公鱼、麦穗鱼、棒花鱼、鲤、鲫、大鳞副泥鳅、泥鳅已能自然繁殖，并能形成种群。

3.1.3.3　渔获物组成分析

2009 年 6 月至 2010 年 10 月，对黄河公伯峡至积石峡段的鱼类资源进行调查，共采集鱼类标本 927 尾，重 33 420.1 g，见表 3-3。其中，土著鱼类 830 尾，占 89.5%，重 21 763.5 g，占 65.1%；外来鱼类 97 尾，占 10.5%，重 11 656.6 g，占 34.9%。渔获物中土著鱼类与外来鱼类数量及质量百分比见图 3-4。

表 3-3　公伯峡至积石峡段渔获物统计

种类项目	数量（尾）	数量百分比（%）	质量（g）	质量百分比（%）	体长范围（mm）	平均体长（mm）	体重范围（g）	平均体重（g）
厚唇裸重唇鱼	8	0.86	1 966.2	5.88	257 ~ 306.7	266	202.2 ~ 363.0	245.8
花斑裸鲤	75	8.09	4 932.6	14.76	44 ~ 358	139.7	0.5 ~ 696.5	65.8
黄河裸裂尻鱼	178	19.2	3 897.7	11.66	52 ~ 207	105.4	1.5 ~ 113	21.9
极边扁咽齿鱼	2	0.22	44.2	0.13	55 ~ 153	140.5	2.0 ~ 35.5	22.1
拟硬刺高原鳅	218	23.52	3 220.6	9.64	50 ~ 153	105.7	1.5 ~ 23.5	14.8
硬刺高原鳅	192	20.71	2 144.9	6.42	53 ~ 179.5	91.6	3.0 ~ 68.2	11.2
斯氏高原鳅	2	0.22	9	0.03	74.0 ~ 80.0	77	4.0 ~ 5.0	4.5
黄河高原鳅	145	15.64	4 687.7	14.03	34 ~ 214	134.9	0.3 ~ 106.2	32.3
拟鲇高原鳅	4	0.43	791.5	2.37	85 ~ 290	231.3	6.0 ~ 284	197.9
粗壮高原鳅	3	0.32	29.5	0.09	94.0 ~ 105.0	99	8.5 ~ 12.0	9.8
修长高原鳅	2	0.22	35.1	0.11	125 ~ 135	130	14.0 ~ 21.1	17.6
北方花鳅	1	0.11	4.5	0.01	91	91	4.5	4.5
虹鳟	24	2.59	10 551.5	31.57	52.4 ~ 716.5	262.2	2.5 ~ 2 060	439.6
池沼公鱼	4	0.43	24.5	0.07	85 ~ 90	88.3	6.0 ~ 6.5	6.1
麦穗鱼	28	3.02	54.6	0.16	27 ~ 68	51.5	0.5 ~ 5.5	2
棒花鱼	15	1.62	46.7	0.14	45 ~ 73	59.4	0.5 ~ 6.0	3.1

续表 3-3

种类 项目	数量 （尾）	数量百分比（%）	质量（g）	质量百分比（%）	体长范围（mm）	平均体长（mm）	体重范围（g）	平均体重（g）
鲤	1	0.11	639.5	1.91	310	310	639.5	639.5
鲫	9	0.97	221.3	0.66	45 ~ 152.6	74.8	2.0 ~ 125	24.6
泥鳅	8	0.86	47.3	0.14	68 ~ 117	93.9	2.0 ~ 8.3	5.9
大鳞副泥鳅	8	0.86	71.2	0.21	63 ~ 120	95.1	1.0 ~ 16.5	8.9
合计	927	100	33 420.1	100				

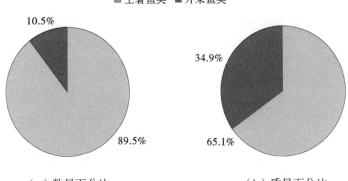

（a）数量百分比　　　　　　　（b）质量百分比

图 3-4　渔获物中土著鱼类与外来鱼类数量及质量百分比

在土著鱼类中，拟硬刺高原鳅、硬刺高原鳅、黄河裸裂尻鱼、花斑裸鲤、黄河高原鳅5种鱼类在数量上占优势，占全部鱼类的87.2%，占土著鱼类的97.3%；外来鱼类中，虹鳟、麦穗鱼、棒花鱼在数量上较多，占全部鱼类的7.2%，占外来鱼类的69.1%，见图3-5。

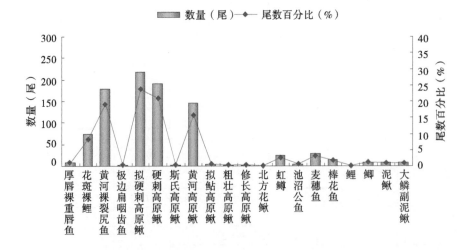

图 3-5　公伯峡至积石峡段渔获物鱼类数量与百分比

在土著鱼类中，花斑裸鲤、黄河高原鳅、黄河裸裂尻鱼、拟硬刺高原鳅4种鱼类质量上占优势，占全部鱼类的50.1%，占土著鱼类的76.9%，见图3-6；在外来鱼类中，虹鳟占绝对优势，占全部鱼类的31.6%，占外来鱼类的90.5%。虹鳟的数量只占到调查鱼类的2.6%，但其体型大，个体体重大，最大个体重2 060 g，平均重458.6 g。

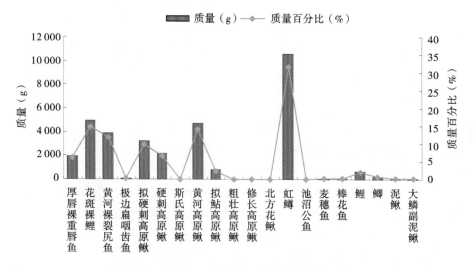

图 3-6 公伯峡至积石峡段渔获物鱼类质量与百分比

3.1.3.4 主要渔获物对象的种群结构

1. 黄河裸裂尻鱼

在2009～2010年调查过程中，共采到黄河裸裂尻鱼178尾，占总渔获物比例的19.2%，4次调查依次占比为22.6%、20.8%、30.2%、14.4%，见图3-7。最高值出现在2010年4月，这个可能与所采集的渔获物数量较少有关。

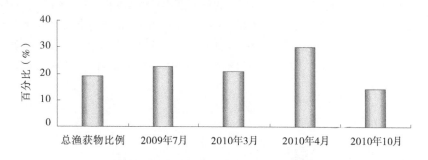

图 3-7 黄河裸裂尻鱼的历次渔获物比例

黄河裸裂尻鱼5 g以下的占52.9%，5～50 g的占32.3%，50～100 g的占13.5%，100 g以上的占1.3%，见图3-8（a）。50 g以下的具有个体优势，共占85.2%，捕到最小个体是1.5 g，最大个体是113 g。

黄河裸裂尻鱼体长在6 cm以下的占18.1%，6～10 cm的占45.8%，15～20 cm的占 34.8%，20 cm 以上的占 1.3%，见图 3-8（b）。捕到最小个体体长 5.2 cm，最大个体体长 20.7 cm。

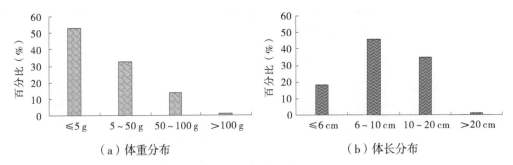

（a）体重分布　　　　　　　　　　（b）体长分布

图 3-8　黄河裸裂尻鱼的体重与体长分布

总体来说，黄河裸裂尻鱼捕获的个体偏小，对种群增长不利。

2. 花斑裸鲤

在 2009 ~ 2010 年调查过程中，共采到花斑裸鲤 75 尾，占总渔获物比例的 8.1%，4 次调查依次为 5.2%、2%、11.6%、11.9%，见图 3-9。

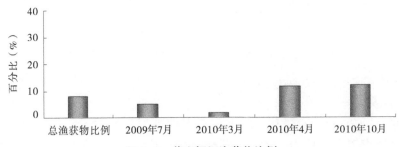

图 3-9　花斑裸鲤渔获物比例

花斑裸鲤 5 g 以下的占 38.7%，5 ~ 50 g 的占 10.7%，50 ~ 100 g 的占 32%，100 g 以上的占 18.7%，见图 3-10（a）。捕到最小个体是 0.5 g，最大个体是 696.5 g。

花斑裸鲤体长在 6 cm 以下的占 29.3%，6 ~ 15 cm 的占 24%，15 ~ 20 cm 的占 29.3%，20 cm 以上的个体占 17.3%，见图 3-10（b）。捕到最小个体体长 4.4 cm，最大个体体长 35.8 cm。

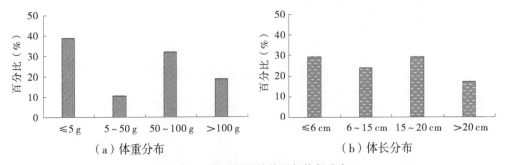

（a）体重分布　　　　　　　　　　（b）体长分布

图 3-10　花斑裸鲤的体重与体长分布

3.1.4　水利工程对鱼类资源的影响

3.1.4.1　不同时期对鱼类的影响

1. 建设施工期对鱼类资源的影响

公伯峡水电站、苏只水电站已竣工投入运行，施工期主要影响源为围堰截流、河床开挖、挖沙取石等，会使河流内的泥沙含量增加，对鱼类有一定的影响。施工噪声和爆破作业，对工程区附近的鱼类产生惊吓。

施工期的噪声和泥沙对工程区附近鱼类的影响是较大的，主要是造成鱼类受噪声而逃离，或对坝址以下河段的鱼类的生活、繁殖、幼鱼索饵造成一定影响。

施工人员捕捉鱼类影响大，鱼类资源下降。施工期的不利影响是暂时的，工程竣工后绝大部分影响会消除。

要特别注意的是，在围堰截流和水库初期蓄水期间，短期内有可能造成下游减水甚至脱水，可能导致鱼类滞留搁浅死亡。特别是在减水情况下，鱼类种群密度大，极易捕捞，建设期施工人员、外来人员、当地居民比较多，如不严格禁止捕捞，捕捞强度将会急剧增大。裂腹鱼亚科的鱼类和条鳅鱼类生长都非常缓慢，过度捕捞对资源的破坏很大，资源被破坏后恢复非常困难，需要引起施工单位的高度重视。

2. 工程运行期对鱼类资源的影响

运行期对水生生物的主要影响源是，大坝阻隔和冲沙。冲沙在运行期间对水生生物的影响不可忽视。运行后，由于库坝的拦蓄作用，形成一定的缓水区，水体流速减缓，泥沙沉淀，因维护需要停止调水或调水期结束后，蓄积的泥沙下泄，造成下游河段一定距离范围泥沙含量极短时间内急剧上升。

3.1.4.2　有利影响与不利影响

从宏观上看，梯级电站大坝建成后对鱼类的影响主要分为不利影响和有利影响两方面。

1. 有利影响

公伯峡和积石峡大坝建成后，公伯峡水库、积石峡水库坝址以上的水域发生了较大的变化，在公伯峡至积石峡段水位升高，水体面积增大，有利于鱼类的生长，原为峡谷急流的生境河段成为库区，流速变缓，水深增加，公伯峡、苏只、积石峡库区形成后对喜缓水或静水环境的鱼类有利，如土著鱼类中的高原鳅，黄河裸裂尻鱼在库区数量会有所增加，外来鱼类如鲤、鲫、麦穗鱼数量也会增加。同时随着淹没区面积增大，新的营养盐不断溶入水体，鱼类饵料生物会有所增加，有利于鱼类的索饵生长，同时原来在库区河段产卵的流水性鱼类将上移至回水区以上产卵，形成新的产卵场，并且在其他适宜的地区可能会形成新的鱼类产卵繁殖场所。

2. 不利影响

（1）阻隔鱼类上下游迁移。公伯峡、苏只、积石峡三个电站的大坝坝址均在黄河干流上，工程运行后，大坝的阻隔使得鱼类的上下迁移受阻。三个电站均没有修建过鱼设施，彻底地阻断了坝下的鱼类向上游迁移的通道，从近年实际监测和走访调查中可以看出，原来在公伯峡至积石峡及尖扎县附近广泛分布的，具有明显长距离迁移洄游习性的鱼类如黄河雅罗鱼、黄河鮈已多年不见，基本灭绝，厚唇裸重唇鱼资源量下降十分明显。

公伯峡水库大坝阻隔了大坝下游的鱼类向上迁移的通道，使得大坝下游的鱼类在产卵季节聚集在大坝下，无法向上游迁移。库区中喜流水的鱼类则向上游迁移至康扬水库尾水区或进入较大支流（隆务河）。

苏只水库大坝阻隔了大坝下游的鱼类向上迁移的通道，使得大坝下游的鱼类在产卵季节聚集在大坝下，无法向上游迁移。库区中喜流水的鱼类则由水库回水区迁移至公伯峡水库尾水区。

积石峡水库大坝阻隔了大坝下游的鱼类向上迁移的通道，使得大坝下游的鱼类在产卵季节聚集在大坝下，无法向上游迁移。库区中喜流水的鱼类则向上游迁移至黄丰水库尾水区。

（2）冲沙。除大坝阻隔不利影响外，工程在建成后因自身维护需要，定期不定期地进行排沙、冲沙，也将对鱼类产生影响。冲沙时河道内的泥沙量急剧上升，泥沙量过大，对电站下游附近的幼鱼造成严重影响，特别是在产卵繁殖季节造成幼鱼应激窒息死亡，并造成电站附近下游产卵场的萎缩甚至消失。同时，浮游生物、底栖生物、着生藻类数量下降，鱼类饵料生物繁衍空间萎缩，间接影响鱼类生长。

（3）电站水轮机组对鱼类的影响。电站建设无一例外的装有水轮机组，电站运行发电期间，水轮机叶片对通过的鱼类造成严重的伤害，致使鱼类死亡。

（4）对鱼类遗传多样性的影响。由于大坝的阻隔，完整的河流环境被分割成不同的片段，鱼类生境的片段化和破碎化导致形成大小不同的异质种群，种群间基因不能交流，使各个种群的遗传多样性降低。

（5）对鱼类产卵场的不利影响。公伯峡水库、苏只水库、积石峡水库蓄水后，将淹没原有的河道中的喜流水鱼类产卵场，河道中的产卵场消失。

公伯峡水库建成后，从隆务河河口至大坝50多km的河段形成23 km²，库容6.2亿m³的水库，库区将成为康扬大坝至公伯峡大坝间河段的鱼类良好的越冬场。库区水面变宽，水流变缓，营养物质滞留，透明度升高，有利于浮游生物的繁衍，库区鱼类索饵环境改善。喜流水鱼类如厚唇裸重唇鱼等由于库区水生生境变化，将迁移至库尾以上流水河段和支流索饵。

苏只水库建成后，形成6.7 km²，库容0.455 m³的库区，库区将成为公伯峡大坝至苏只大坝间鱼类的越冬场。库区水面变宽，水流变缓，营养物质滞留，透明度升高，有利于浮游生物的繁衍，库区鱼类索饵环境改善。喜流水鱼类如厚唇裸重唇鱼等由于库区水生生境变化，将迁移至公伯峡水库尾水区，但由于苏只水库回水长度较小，不利于喜流水鱼类的繁殖，厚唇裸重唇鱼等流水性鱼类会因产卵场的规模减少而数量减少。

积石峡水库建成后，将形成37.2 km²，库容2.38亿m³的水库，库区将成为黄丰大坝至积石峡大坝间鱼类的越冬场。库区水面变宽，水流变缓，营养物质滞留，透明度升高，有利于浮游生物的繁衍，库区鱼类索饵环境改善。喜流水鱼类如厚唇裸重唇鱼等由于库区水生生境变化，将迁移至黄丰水库尾水区。

除电站工程的影响外，沿黄流域的非法捕捞鱼类的现象仍时有发生，对沿黄土著鱼类的保护意识，还远远没有达到藏羚羊等陆生动物保护的认识高度，在沿黄地区的餐馆里明目张胆地用天然野生鱼类做招牌招揽生意。黄河特有鱼类的价格居高不下，加重了捕捞强度。在监测和调查过程中，多次看到在苏只水库尾水区、公伯峡水库回水区就有当地群众捕鱼，并在公伯峡水库回水与隆务河口交汇处河面发现网具。据调查，在每年的繁殖期间，苏只水库尾水区、隆务河河口都有亲鱼上溯，有人捕捞亲鱼谋利。产卵季节对亲鱼进行捕捞，给资源增殖造成了破坏。

3.1.4.3　对鱼类资源的影响

1. 传统大型的鱼类资源下降明显

由于缺少黄河公伯峡至积石峡段鱼类的历史统计资料，有关过去的鱼类资源情况是通过走访了解到的。在调查走访中了解到，黄河公伯峡至积石峡段的水域鱼类资源与过去相比，主要大型种类如黄河裸裂尻鱼、花斑裸鲤、厚唇裸重唇鱼、拟鲇高原鳅的数量下降很多，见表 3-4，而且个体变小。

表 3-4　大型鱼类渔获物统计表

监测时间与水域	总渔获物数量（尾）	花斑裸鲤	黄河裸裂尻鱼	厚唇裸重唇鱼	拟鲇高原鳅
2005 ~ 2006 年（苏只）	514	313	30	36	4
2009 ~ 2010 年（公伯峡至积石峡）	927	75	178	8	4

从渔获物组成分析上看，2009 ~ 2010 年的公伯峡至积石峡河段的 2 年调查中，采集鱼类样本 927 尾，渔获物数量比例黄河裸裂尻鱼 19.2%、花斑裸鲤 8.1%、厚唇裸重唇鱼 0.9%、拟鲇高原鳅 0.4%；而 2005 ~ 2006 年的苏只水生生物监测中，共采集鱼类样本 514 尾，渔获物数量比例分别为黄河裸裂尻鱼 5.8%、花斑裸鲤 60.9%、厚唇裸重唇鱼 7%、拟鲇高原鳅 0.8%，见图 3-11。除黄河裸裂尻鱼的比例略有所上升外，其他 3 种大型传统鱼类均呈现出下降的趋势。2009 ~ 2010 年鱼类调查方面增加了地笼网、流刺网的捕捞方法，增加了鱼类调查水域面积，虽然两次捕捞的方法有所不同，但总体上看，在捕捞水域面积增加的情况下，传统的大型鱼类资源继续呈现出下降的趋势，已无经济捕捞开发的价值。

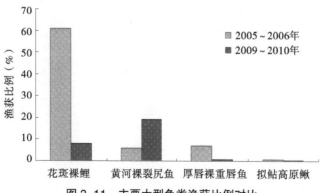

图 3-11　主要大型鱼类渔获比例对比

从渔获物种群结构的变化上分析，在平均体重上，花斑裸鲤、黄河裸裂尻鱼、拟鲇高原鳅都有下降的趋势，见图3-12。厚唇裸重唇鱼在2005～2006年调查到36尾，体重在12.0～415.2 g，平均12.6 g。2009～2010年仅捕到8尾，体重为202.2～363.0 g，平均245.8 g，采用了多种捕捞方式，在这次调查中，没有捕到幼小的个体。拟鲇高原鳅数量稀少，两次调查均为4尾。这也说明厚唇裸重唇鱼和拟鲇高原鳅的的低龄个体数量少，补充群体严重不足。

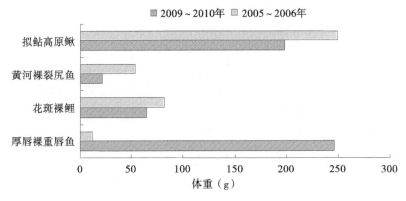

图 3-12　主要大型鱼类平均体重对比

2. 部分种类已呈濒危状态

从渔获物组成和种群结构上分析，传统的大型鱼类已经失去优势，数量下降，部分种类低幼个体数量极为稀少，补充群体数量严重不足，影响了种群的可持续发展。虽然2009～2010年捕捞的厚唇裸重唇鱼、拟鲇高原鳅个体较大，但可能是残留个体，已数量稀少。

另外，根据资料记载，黄河公伯峡至积石峡段还分布有兰州鲇、黄河雅罗鱼、黄河鮈、刺鮈等。

黄河雅罗鱼历史上分布较广，从青海的龙羊峡水库曲沟一直分布到甘肃、宁夏、内蒙古地区，是常见种类。从2005年以来，青海省渔业监测中心先后在龙羊峡、拉西瓦、李家峡、公伯峡水库，湟水河以及相应的黄河干支流，进行了多次鱼类调查，也没有采集到黄河雅罗鱼。1965年前，黄河雅罗鱼在湟水河干流西宁、乐都水域都可以捕到，自1985年以来，黄河雅罗鱼可以说在湟水河已经绝迹了。积石峡电站下游的刘家峡水库1968年蓄水后，1972年渔获物65 t，95%以上为黄河雅罗鱼，时至今日，黄河雅罗鱼也已多年未见。从青海、甘肃、宁夏很难见到黄河雅罗鱼。目前，只在内蒙古地区有瓦氏雅罗鱼分布。

兰州鲇分布于青海、甘肃、宁夏。在青海民和峡口、官亭有分布。从2005年以来的黄河鱼类监测与调查，在青海境内均没有采集到。

黄河鮈从青海共和曲沟至甘肃兰州都有分布，从2005年以来的黄河鱼类监测与调查，在青海境内均没有采集到。

刺鮈从青海共和曲沟至甘肃兰州，湟水河干支流都有分布。从2005年以来，仅在黄河班多至龙羊峡水库采集到了样本，有少量的群体。湟水河没有采集到，公伯峡水库至积石峡段没有采集到。

厚唇裸重唇鱼、拟鲇高原鳅、兰州鲇、黄河雅罗鱼、黄河鮈、刺鮈等这些鱼类中，虽然有的种类在其他水域还有一定数量和群体，分布也比较广，但就黄河公伯峡至积石峡这一段水域而言，这些种类面临不同程度的濒危状态。

根据 1998 年国家环境保护局和中华人民共和国濒危物种科学委员会出版的《中国濒危动物红皮书·鱼类》中，拟鲇高原鳅已被列入易危状态。

在 2004 年，由中国环境与发展国际合作委员会生物多样性工作组出版的《中国物种红色名录（第一卷）》可知，这些鱼类都被列入了红色名录，其中厚唇裸重唇鱼、兰州鲇已被列为濒危物种，拟鲇高原鳅、黄河雅罗鱼、黄河鮈、刺鮈被列为易危物种。但根据这些年的调查和掌握的情况，黄河雅罗鱼在青海境内应该被列为极度濒危种类。

3. 外来物种增多

目前，根据历年来的调查，外来鱼类有 16 种，4 目 6 科 16 属。以鲤形目鱼类为主，2 科 9 属 9 种，其中鲤科 7 种，鳅科 2 种；鲑形目 2 科 5 属 5 种；鲈形目、鳉形目各 1 科 1 属。

在 2005～2006 年的调查中，外来鱼类调查到 7 种，鲤、鲫、草鱼、棒花鱼、麦穗鱼、池沼公鱼和小青鳉。在 2009～2010 年，调查到 13 种，现场采集到 8 种，虹鳟、池沼公鱼、麦穗鱼、棒花鱼、鲤、鲫、大鳞副泥鳅、泥鳅等。另外，草鱼、鳙是在公伯峡回水区域调查时，当地人员从库区捕捞出的，在路边进行向外销售。在走访调查中，在库区还分布有子陵吻虾虎鱼、高体鳑鲏、哲罗鱼。外来鱼类中，虹鳟、池沼公鱼、麦穗鱼、棒花鱼、鲤、鲫、大鳞副泥鳅、泥鳅已能自然繁殖，并能形成种群。

外来鱼类的来源有以下几个途径，一是作为优良品种引入的；二是引种时不慎或无意中带入的；三是养殖管理不完善而逃逸进入水体的；四是放生进入水体的。有些种类不完全是单一途径进入黄河自然水域的，存在多种方式进入自然水域。外来鱼类能够自然繁殖和种类增多的趋势应当引起关注。

3.2　水利工程对其他水生生物的影响

3.2.1　水利工程对浮游植物的影响

3.2.1.1　浮游植物现状及评价

1. 2009 年度浮游植物种类与分布

2009 年 5 月浮游植物共检测到 6 门 44 个种属（见表 3-5），其中硅藻门 20 个种属，占总数的 45.45%；绿藻门 18 个种属，占总数的 40.91%；蓝藻门、甲藻门各 2 个种属，分别占总数的 4.55%；金藻门和裸藻门各 1 个种属，分别占总数的 2.27%（见图 3-13）。浮游植物分布较广的种类有颤藻、多甲藻、脆杆藻、针杆藻、等片藻、小环藻、浮球藻、丝藻、角星鼓藻等。

表 3-5 2009 年度浮游植物种类及分布

序号	种类	学名	采样点分布状况								
			5 月						9 月		
			公伯峡水库尾水	苏只水库尾水	循化积石镇	清水乡	孟达达庄村	积石峡水库尾水	公伯峡水库尾水	苏只水库尾水	积石峡水库尾水
一	蓝藻门	CYANOPHYTA									
1	小颤藻	*Oscillatoria tenuis*			+	+	+	+			
2	颤藻	*Oscillatoria sp.*	+	+					+	+	+
	总量（种属）2		1	1	1	1	1	1	1	1	1
二	甲藻门	PYRROPHYTA									
3	多甲藻	*Perinidium sp.*			+	+	+	+	+	+	
4	飞燕角甲藻	*Ceratium hirundinella*	+	+					+	+	+
	总量（种属）2		1	1	1	1	1	1	2	2	1
三	金藻门	CHRYSOPHYTA									
5	锥囊藻	*Dinobryon sp.*	+		+		+	+		+	+
	总量（种属）1		1		1		1	1		1	1
四	裸藻门	EUGLENOPHYTA									
6	裸藻	*Euglena sp.*	+	+			+	+			
	总量（种属）1		1	1			1	1			
五	硅藻门	BACILLARIOPHYTA									
7	脆杆藻	*Fragilaria sp.*	+	+++	++	++	++	++	+	+++	+
8	双菱藻	*Surirella sp.*		+					+	+	+
9	针杆藻	*Synedra sp.*			+	+	+	+	+	+	+
10	尖针杆藻	*Synedra acus*	+++	+++			++	++			
11	长等片藻	*Diatoma elongatum*			+	+	+	+			
12	等片藻	*Diatoma sp.*	+	+					+	+	
13	星杆藻	*Asterionella sp.*				+		+		+	
14	舟形藻	*Navicula sp.*	+	+	+	+	+	+		+	+
15	异极藻	*Gomphonema sp.*	+				+	+	+	+	
16	菱形藻	*Nitzschia sp.*			+	+	+				

续表 3-5

序号	种类	学名	采样点分布状况								
			5月						9月		
			公伯峡水库尾水	苏只水库尾水	循化积石镇	清水乡	孟达达庄村	积石峡水库尾水	公伯峡水库尾水	苏只水库尾水	积石峡水库尾水
17	菱形硅藻	*Nitzschia sp.*		+							
18	粗壮双菱藻	*Surirella robusta*						+			
19	卵形双菱藻	*Surirella ovata*			+	+		+			
20	卵形藻	*Cocconeis sp.*		+			+	+			+
21	桥弯藻	*Cymbella sp.*		+	+		+	+		+	+
22	小环藻	*Cyclotella sp.*	+	+	+	+	+	+	+	+	
23	羽纹藻	*Pinnularia sp.*		+							
24	双眉藻	*Amphora sp.*						+		+	
25	波缘藻	*Cymatopleura sp.*			+			+		+	+
26	布纹藻	*Gyrosigma sp.*		+		+				+	
	总量（种属）20		6	11	10	9	10	15	6	12	7
六	绿藻门	CHLOROPHYTA									
27	浮球藻	*Planktosphaeria sp.*		+	+	+	+	+	+	+	+
28	实球藻	*Pandorina sp.*	+								
29	空球藻	*Eudorina sp.*		+							
30	绿球藻	*Chlorococcum sp.*				+					
31	小球藻	*Chlorella sp.*			+						
32	丝藻	*Ulothrix sp.*	+	+	+	+	+	+		+	+
33	衣藻	*Chlamydomona sp.*		+							
34	水绵	*Spirogyra sp.*		+		+	+	+	+	++	+
35	双星藻	*Zygenma sp.*		+							
36	转板藻	*Mougeotia sp.*								+	
37	盘星藻	*Pediastrum sp.*								+	
38	鼓藻	*Cosmarium sp.*					+				
39	角星鼓藻	*Staurastrum sp.*	+	+	+	+	+	+			

续表 3-5

序号	种类	学名	采样点分布状况								
			5月						9月		
			公伯峡水库尾水	苏只水库尾水	循化积石镇	清水乡	孟达达庄村	积石峡水库尾水	公伯峡水库尾水	苏只水库尾水	积石峡水库尾水
40	宽带鼓藻	*Pleurotaenium sp.*			+						
41	空星藻	*Coelastrum sp.*	+								
42	新月藻	*Closterium sp.*		+	+			+	+		
43	刚毛藻	*Cladophora sp.*				+				+	
44	卵囊藻	*Oocystis sp.*				+					
总量（种属）18			4	8	7	7	5	5	3	6	3
浮游植物总量（种属）44			14	22	20	18	19	24	12	22	13

注："+"表示有分布，"++"表示分布较多，"+++"表示分布很多。

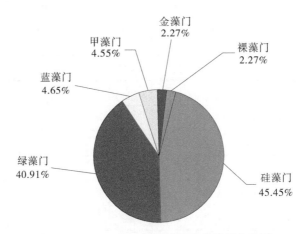

图 3-13　2009 年 5 月浮游植物种类所占比例

2009 年 5 月浮游植物种类在各采样点的分布表现为积石峡水库尾水（24 种属）＞苏只水库尾水（22 种属）＞循化积石镇（20 种属）＞孟达达庄村（19 种属）＞清水乡（18 种属）＞公伯峡水库尾水（14 种属），见图 3-14。

2009 年 9 月对公伯峡水库尾水、苏只水库尾水和积石峡水库尾水三个断面进行补充调查，浮游植物共检到 5 门 24 个种属（见表 3-5），其中硅藻门 13 个种属，占总数的 54.16%；绿藻门 7 个种属，占总数的 29.17%；甲藻门 2 个种属，占总数的 8.33%；蓝藻门和金藻门各 1 个种属，分别占总数的 4.17%。浮游植物分布较广的种类有颤藻、飞燕角甲藻、脆杆藻、双菱藻、针杆藻、浮球藻、水绵等。

2009 年 9 月浮游植物种类在各采样点的分布为苏只水库尾水（22 种属）＞积石峡水库尾水（13 种属）＞公伯峡水库尾水（12 种属）。

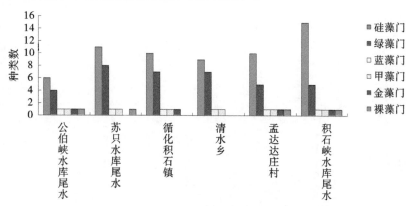

图 3-14　2009 年 5 月各采样点浮游植物种类数

2.2010 年度浮游植物种类与分布

2010 年公伯峡至积石峡段浮游植物共检到 7 门 80 个种属，其中，硅藻门 32 个种属，占总数的 40.00%；绿藻门 29 个种属，占总数的 36.25%；蓝藻门 11 个种属，占总数的 13.75%；金藻门 3 个种属，占总数的 3.75%；甲藻门和隐藻门各 2 个种属，分别占总数的 2.50%；裸藻门 1 个种属，占总数的 1.25%（见图 3-15）。定性样品中未检到黄藻门种类。

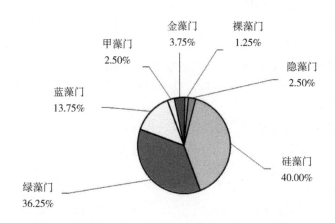

图 3-15　2010 年浮游植物种类所占比例

浮游植物分布较广的种类有颤藻、飞燕角甲藻、脆杆藻、针杆藻、星杆藻、舟形藻、等片藻、异极藻、曲壳藻、小环藻、丝藻、衣藻、水绵等。

2010 年浮游植物种类在各采样点的分布表现为循化积石镇（55 种属）＞公伯峡水库库区和苏只水库尾水（53 种属）＞苏只水库库区（52 种属）＞苏只水库回水（51 种属）

>积石峡水库尾水（48 种属）>孟达达庄村（45 种属）>清水乡（39 种属）>公伯峡水库回水与隆务河汇合处（34 种属），见图 3-16。

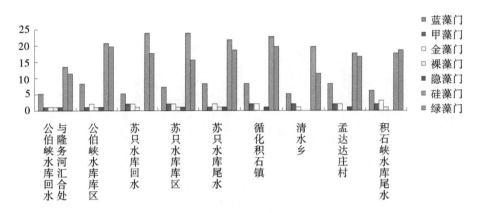

图 3-16　各样点浮游植物种类数

3. 浮游植物现状评价

浮游植物是水体的初级生产力，是水体中鱼类和其他经济动物直接或间接的饵料基础，各种水生动物都直接或间接地依赖浮游植物为生，其产量和现存量是水域生产性能的主要参数，在决定水域生产性能上具有重要意义。

2010 年公伯峡至积石峡段浮游植物共检到 7 门 81 个种属。其中，硅藻门 32 个种属，占总数的 39.51%，绿藻门 30 个种属，占总数的 37.04%，为该水域优势种群。浮游植物分布较广的种类有颤藻、飞燕角甲藻、脆杆藻、针杆藻、星杆藻、舟形藻、等片藻、异极藻、曲壳藻、小环藻、丝藻、衣藻、水绵等。浮游植物种类数以循化积石镇最多（55 种属），公伯峡水库回水与隆务河汇合处最少（34 种属）。浮游植物平均数量 29.89 万个 /L，平均生物量 0.278 9 mg/L，其数量和生物量均以硅藻门占优势，优势种为尖针杆藻、小环藻、脆杆藻和曲壳藻。

本次监测结果显示，浮游植物种类组成简单，数量小，生物量低，采用《水库渔业营养类型划分标准》（SL 218—98），浮游植物生物量小于 1 mg/L，水体属贫营养类型。

3.2.1.2　浮游植物数量与生物量

1. 2009 年度浮游植物数量与生物量

（1）2009 年 5 月浮游植物数量与生物量见表 3-6。结果显示，浮游植物数量变幅为16.95 万 ~ 29.34 万个 /L，平均数量 22.18 万个 /L；浮游植物生物量变幅为 0.217 1 ~ 0.334 6 mg/L，平均生物量 0.276 0 mg/L。

浮游植物数量在各采样点的变化表现为：清水乡（29.34 万个 /L）>循化积石镇（24.18 万个 /L）>积石峡水库尾水（22.11 万个 /L）>孟达达庄村（20.46 万个 /L）>公伯峡水库尾水（20.04 万个 /L）>苏只水库尾水（16.95 万个 /L）。

浮游植物生物量在各采样点的变化表现为：循化积石镇（0.334 6 mg/L）>清水乡

（0.316 0 mg/L）＞积石峡水库尾水（0.278 8 mg/L）＞孟达达庄村（0.267 8 mg/L）＞公伯峡水库尾水（0.241 6 mg/L）＞苏只水库尾水（0.217 1 mg/L）。

黄河公伯峡至积石峡段 2009 年 5 月浮游植物优势种为尖针杆藻和小环藻。

（2）2009 年 9 月浮游植物数量与生物量见表 3-6。结果显示，浮游植物数量变幅为 7.43 万～12.81 万个/L，平均数量 10.53 万个/L；浮游植物生物量变幅为 0.113 3～0.200 0 mg/L，平均生物量为 0.143 7 mg/L。

表 3-6　2009 年浮游植物数量与生物量统计

采样点	5 月		9 月	
	浮游植物总量		浮游植物总量	
	数量 （万个/L）	生物量 （mg/L）	数量 （万个/L）	生物量 （mg/L）
公伯峡水库尾水	20.04	0.241 6	11.36	0.200 0
苏只水库尾水	16.95	0.217 1	12.81	0.117 7
循化积石镇	24.18	0.334 6	—	—
清水乡	29.34	0.316 0	—	—
孟达达庄村	20.46	0.267 8	—	—
积石峡水库尾水	22.11	0.278 8	7.43	0.113 3

浮游植物数量在各采样点的变化表现为：苏只水库尾水（12.81 万个/L）＞公伯峡水库尾水（11.36 万个/L）＞积石峡水库尾水（7.43 万个/L）。浮游植物生物量在各采样点的变化表现为：公伯峡水库尾水（0.200 0 mg/L）＞苏只水库尾水（0.117 7 mg/L）＞积石峡水库尾水（0.113 3 mg/L）。

2.2010 年度浮游植物数量与生物量

2010 年公伯峡至积石峡段浮游植物数量与生物量见表 3-7。结果显示，浮游植物数量变幅为 8.11 万～61.12 万个/L，平均数量 29.89 万个/L；浮游植物生物量变幅为 0.068 1～0.525 5 mg/L，平均生物量为 0.278 9 mg/L。

浮游植物数量在各采样点的变化表现为：循化积石镇（42.08 万个/L）＞苏只水库库区（37.88 万个/L）＞公伯峡水库库区（34.41 万个/L）＞苏只水库尾水（32.13 万个/L）＞孟达达庄村（30.16 万个/L）＞清水乡（27.56 万个/L）＞积石峡水库尾水（27.48 万个/L）＞苏只水库回水（22.34 万个/L）＞公伯峡水库回水与隆务河汇合处（15.01 万个/L）。

浮游植物生物量在各采样点的变化表现为：循化积石镇（0.376 6 mg/L）＞苏只水库库区（0.374 6 mg/L）＞公伯峡水库库区（0.298 7 mg/L）＞孟达达庄村（0.278 8 mg/L）＞苏只水库尾水（0.277 1 mg/L）＞清水乡（0.277 0 mg/L）＞积石峡水库尾水（0.254 4 mg/L）＞苏只水库回水（0.242 9 mg/L）＞公伯峡水库回水与隆务河汇合处（0.129 3 mg/L）。

黄河公伯峡至积石峡段 2010 年浮游植物优势种为尖针杆藻、小环藻、脆杆藻和曲壳藻。

表 3-7   2010 年浮游植物数量与生物量统计表

采样点	3 月		8 月		平均	
	数量 （万个 /L）	生物量 （mg/L）	数量 （万个 /L）	生物量 （mg/L）	数量 （万个 /L）	生物量 （mg/L）
公伯峡水库回水 与隆务河汇合处	13.95	0.138 0	16.06	0.120 5	15.01	0.129 3
公伯峡水库库区	16.95	0.177 6	51.86	0.419 8	34.41	0.298 7
苏只水库回水	19.02	0.208 4	25.66	0.277 5	22.34	0.242 9
苏只水库库区	52.64	0.525 5	23.13	0.223 8	37.88	0.374 6
苏只水库尾水	56.15	0.486 1	8.11	0.068 1	32.13	0.277 1
循化积石镇	61.12	0.521 6	23.03	0.231 7	42.08	0.376 6
清水乡	26.31	0.226 0	28.82	0.328 1	27.56	0.277 0
积石峡水库尾水	24.8	0.219 7	30.16	0.289 1	27.48	0.254 4
平均	33.29	0.308 1	26.49	0.249 6	29.89	0.278 9

3.2.1.3　对浮游植物的影响

浮游植物数量的多少与摄食浮游植物的动物数量及水体中营养盐（主要是水体的氮、磷）含量高低、水温、透明度大小等环境条件密切相关。

黄河公伯峡至积石峡段现已建成水电站有公伯峡水电站和苏只水电站，在建水电站为积石峡水电站，目前已形成公伯峡水库和苏只水库，2010 年底积石峡水电站也已蓄水发电。各级水库的形成，改变了原有的生态环境。由于库坝的拦蓄作用，水位提高，水体流速减缓，泥沙沉淀，透明度增大，水中光照增强以及新淹没区营养盐的大量溶入，为浮游植物的生长、繁殖提供了有利的条件。根据水库浮游植物演化规律，水库中适应缓流或静水环境的浮游植物种类和数量会有所增加，急流种类和数量会减少。由于该区域地处高寒地区，水域狭窄，同时电站运行后，水库仍然存在水体交换，库区水温不可能上升很多，仍属冷凉水体，所以浮游植物种类组成和数量不会发生明显变化，原有的藻类将会继续保留，绿藻种类和数量会增加，但仍以硅藻种类和数量占优势，其中针杆藻、小环藻、脆杆藻等种类，今后将是水库浮游植物的优势种类。从总的趋势看，水库将继续保持现有的营养状态，浮游植物数量和生物量将比原有河道有所增加，其种类和数量介于天然河道和湖泊之间。浮游植物数量的增加将有利于鱼类的生长、发育。

3.2.2　水利工程对浮游动物的影响

3.2.2.1　浮游动物现状及评价

1. 浮游动物种类与分布

1）2009 年度浮游动物种类与分布

2009 年 5 月共检到浮游动物 26 种属。其中，原生动物 8 种属，占总数的 30.77%；轮虫 13 种属，占总数的 50.00%；枝角类 3 种属，占总数的 11.54%；桡足类 2 种属，占总数的 7.69%，见图 3-17。

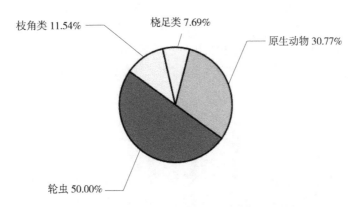

图 3-17　2009 年度 5 月浮游动物种类所占比例

2009 年 5 月浮游动物种类在各采样点的分布表现为：公伯峡水库尾水、循化积石镇、清水乡（10 种属）＞苏只水库尾水、孟达达庄村（7 种属）＞积石峡水库尾水（5 种属）。

浮游动物经常出现且分布较广的种类有前节晶囊轮虫和桡足幼体。

2009 年 9 月共检到浮游动物 16 种属。其中，原生动物 5 种属，占总数的 31.25%；轮虫 7 种属，占总数的 43.75%；枝角类和桡足类各 2 种属，分别占总数的 12.50%。

浮游动物种类在各采样点的分布表现为：积石峡水库尾水（10 种属）＞苏只水库尾水（9 种属）＞公伯峡水库尾水（7 种属）。

2）2010 年度浮游动物种类与分布

2010 年公伯峡至积石峡段浮游动物共检到 4 大类 40 个种属。其中，原生动物 9 个种属，占总数的 22.50%；轮虫 25 个种属，占总数的 62.50%；枝角类 3 个种属，占总数的 7.50%；桡足类 3 个种属，占总数的 7.50%，见图 3-18。

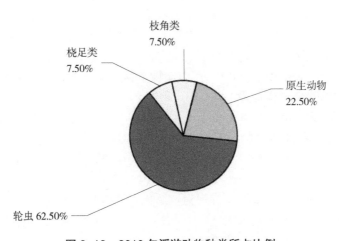

图 3-18　2010 年浮游动物种类所占比例

浮游动物分布较广的种类有螺形龟甲轮虫、针簇多肢轮虫等。

2010年浮游动物种类在各采样点的分布表现为公伯峡水库回水与隆务河汇合处、苏只水库库区、苏只水库尾水（18种属）＞苏只水库回水、清水乡、积石峡水库尾水（12种属）＞公伯峡水库库区（11种属）＞孟达达庄村、循化积石镇（10种属），见图3-19。

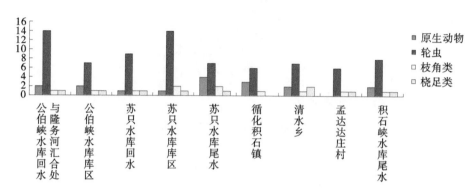

图3-19 各样点浮游动物种类数

2. 浮游动物现状评价

浮游动物是水体的初级生产力，是鱼类和其他经济动物的饵料基础，各种水生动物都直接或间接地依赖浮游动物为生，其产量和现存量是水域生产性能的主要参数，在决定水域生产性能上具有重要意义。

2010年公伯峡至积石峡段浮游动物共检到4门40个种属。其中，原生动物9个种属，占总数的22.50%；轮虫25个种属，占总数的62.50%；枝角类3个种属，占总数的7.50%；桡足类3个种属，占总数的7.50%。其中，轮虫动物门为优势种类，分布较广的种类有螺形龟甲轮虫、针簇多肢轮虫、矩形龟甲轮虫。

浮游动物种类数以公伯峡水库回水与隆务河汇合处、苏只水库库区、苏只水库尾水（18种属），循化积石镇最少（10个种属）。浮游动物平均数量62.77个/L，平均生物量0.198 8 mg/L，其数量和生物量均以轮虫动物门占优势，优势种为螺形龟甲轮虫、针簇多肢轮虫。

本次监测结果显示，浮游动物种类组成简单，数量小，生物量低，采用《水库渔业营养类型划分标准》（SL 218—98），浮游动物生物量小于1 mg/L，水体属贫营养类型。

3.2.2.2 浮游动物数量与生物量

1. 2009年度浮游动物数量与生物量

（1）2009年5月浮游动物数量与生物量见表3-8。结果显示，浮游动物数量变幅为0.88 ～ 6.00个/L，平均数量3.12个/L；浮游动物生物量变幅为0.000 4 ～ 0.039 2 mg/L，平均生物量0.008 0 mg/L。

浮游动物数量变化在各采样点表现为：循化积石镇和清水乡（6.00个/L）＞公伯峡水库尾水（2.46个/L）＞苏只水库尾水（1.72个/L）＞积石峡水库尾水（1.68个/L）＞孟达达庄村（0.88个/L）。

表 3-8　2009 年度浮游动物数量与生物量统计

采样点号	5 月		9 月	
	浮游动物总量		浮游动物总量	
	数量（个 /L）	生物量（mg/L）	数量（个 /L）	生物量（mg/L）
公伯峡水库尾水	2.46	0.001 4	48.00	0.029 3
苏只水库尾水	1.72	0.002 8	43.20	0.007 4
孟达达庄村	0.88	0.000 4	—	—
积石峡水库尾水	1.68	0.001 0	26.52	0.010 0
平均	3.12	0.008 0	39.24	0.020 0

注："—"为未做调查

浮游动物生物量在各采样点的变化表现为：循化积石镇（0.039 2 mg/L）＞清水乡（0.003 0 mg/L）＞苏只水库尾水（0.002 8 mg/L）＞公伯峡水库尾水（0.001 4 mg/L）＞积石峡水库尾水（0.001 0 mg/L）＞孟达达庄村（0.000 4 mg/L）。

（2）2009 年 9 月浮游动物数量和生物量。结果显示，浮游动物数量变幅为 26.52 ~ 48.00 个 /L，平均数量 39.24 个 /L；浮游动物生物量变幅为 0.007 4 ~ 0.029 3 mg/L，平均生物量 0.020 0 mg/L。

浮游动物数量变化在各采样点表现为：公伯峡水库尾水（48.00 个 /L）＞苏只水库尾水（43.20 个 /L）＞积石峡水库尾水（26.52 个 /L）。

浮游动物生物量在各采样点的变化表现为：公伯峡水库尾水（0.029 3 mg/L）＞积石峡水库尾水（0.010 0 mg/L）＞苏只水库尾水（0.007 4 mg/L）。

2.2010 年度浮游动物数量与生物量

2010 年公伯峡至积石峡段浮游动物数量与生物量。结果显示，浮游动物数量变幅为 2.70 ~ 186.27 个 /L，平均数量 62.77 个 /L；浮游动物生物量变幅为 0.002 2 ~ 0.521 6 mg/L，平均生物量 0.198 8 mg/L。

浮游动物数量在各采样点的变化表现为：苏只水库库区（184.40 个 /L）＞苏只水库回水（151.15 个 /L）＞循化积石镇（42.08 个 /L）＞苏只水库尾水（41.54 个 /L）＞公伯峡水库库区（40.94 个 /L）＞孟达达庄村（30.16 万个 /L）＞清水乡（27.57 个 /L）＞积石峡水库尾水（27.53 个 /L）＞公伯峡水库回水与隆务河汇合处（19.58 个 /L），见表 3-9。

浮游动物生物量在各采样点的变化表现为：循化积石镇（0.376 7 mg/L）＞孟达达庄村（0.278 8 mg/L）＞清水乡（0.277 1 mg/L）＞积石峡水库尾水（0.254 4 mg/L）＞苏只水库回水（0.252 2 mg/L）＞苏只水库尾水（0.205 1 mg/L）＞公伯峡水库回水与隆务河汇合处（0.066 1 mg/L）＞公伯峡水库库区（0.029 1 mg/L），见表 3-9。

表 3-9　浮游动物数量与生物量

采样点	3 月		8 月		平均	
	数量（个/L）	生物量（mg/L）	数量（个/L）	生物量（mg/L）	数量（个/L）	生物量（mg/L）
公伯峡水库回水与隆务河汇合处	4.20	0.002 8	34.965	0.129 4	19.58	0.066 1
公伯峡水库库区	2.70	0.002 2	79.175	0.055 9	40.94	0.029 1
苏只水库回水	150.27	0.217 6	152.022	0.286 7	151.15	0.252 2
苏只水库库区	182.53	0.040 1	186.270	0.058 75	184.40	0.049 4
苏只水库尾水	25.52	0.378 1	57.568	0.032 1	41.54	0.205 1
循化积石镇	61.12	0.521 6	23.030	0.231 7	42.08	0.376 7
清水乡	26.32	0.226 0	28.820	0.328 1	27.57	0.277 1
孟达达庄村	28.66	0.270 0	31.660	0.287 5	30.16	0.278 8
积石峡水库尾水	24.89	0.219 7	30.160	0.289 1	27.53	0.254 4
平均	56.25	0.208 6	69.300	0.188 8	62.77	0.198 8

3.2.2.3　对浮游动物的影响

浮游动物数量的多少与水体中浮游植物的多少、摄食浮游动物的数量及水体中营养等环境条件密切相关。

黄河公伯峡至积石峡段现已建成水电站有公伯峡水电站、苏只水电站、黄丰水电站、积石峡水电站，目前已形成公伯峡水库、苏只水库、黄丰库区，2010 年底积石峡水电站蓄水发电，各级水库的形成，改变了原有的生态环境，水生生境片断化。由于库坝的拦蓄作用，水位提高，水体流速减缓，泥沙沉淀，透明度增大，水中光照增强以及新淹没区营养盐的大量溶入，为浮游动物的生长、繁殖提供了有利的条件。根据水库浮游动物演化规律，水库中适应缓流或静水环境的浮游动物种类和数量会有所增加，急流种类和数量会减少。从总的趋势看，水库将继续保持现有的营养状态，水体温度不会有明显的改变，浮游动物组成结构不会有明显改变，优势种仍以轮虫动物门为主，同时由于水体中营养盐的溶入，加之浮游植物数量的增加，浮游动物数量和生物量将比原有河道有所增加，其种类和数量介于天然河道和湖泊之间。浮游动物数量的增加将有利于鱼类的生长、发育。

3.2.3　水利工程对底栖动物的影响

3.2.3.1　底栖动物现状及评价

1. 底栖动物种类与分布

1）2009 年度底栖动物种类与分布

2009 年 5 月共调查到底栖动物 2 门 3 纲 12 种属。其中，昆虫纲 10 种属，占总数的

83.34%；软甲纲和寡毛纲各 1 种属，各占总数的 8.33%。

2）2010 年度底栖动物种类与分布

2010 年共检得底栖动物 2 门 4 个种属。其中节肢动物门 3 个种属，占总种属的 75%，线虫动物门 1 个种属，占总种属的 25%。

2. 底栖动物现状评价

2010 年共检得底栖动物 2 门 4 个种属，其中节肢动物门 3 个种属，占总种属的 75%，线虫动物门 1 个种属，占总种属的 25%。黄河公伯峡至积石峡段水流湍急和砂砾石底质，制约底栖生物的生存，底栖生物数量较低。

3.2.3.2　底栖动物数量

1. 2009 年度底栖动物数量

由于底栖动物的采集受到底质、坡度和水流等条件限制，黄河公伯峡至积石峡段水流湍急，无法利用彼得生采泥器进行定量采样，仅在水库岸边做定性种类和数量采集。

2009 年 5 月底栖动物采集到 123 只（尾）。其中，钩虾 91 只，占总量的 73.99%；水生昆虫 31 尾，占总量的 25.20%；仙女虫 1 只，占总量的 0.81%。

2. 2010 年度底栖动物数量

由于底栖动物的采集受到底质、坡度和水流等条件限制，黄河公伯峡至积石峡段水流湍急，无法利用彼得生采泥器进行定量采样，仅在水库岸边做定性种类和数量采集。采集到钩虾 61 只（尾）、摇蚊幼虫 4 只（尾）、积翅目幼虫 1 只（尾）和线虫 5 只（尾）。

公伯峡电站和积石峡电站建成后，缓流水域面积增加，底栖动物数量有增加的趋势，但公伯峡至积石峡段属贫营养性水体，水体冷凉，底质为砂砾石，底栖动物种类和数量不会有明显的变动。

3.2.3.3　对底栖动物的影响

公伯峡电站和积石峡电站建成后，缓流水域面积增加，底栖动物数量有增加的趋势，但公伯峡至积石峡段属贫营养性水体，水体冷凉，底质为砂砾石，底栖动物种类和数量不会有明显的变动。

3.2.4　水利工程对水生维管束植物的影响

2010 年 3 月和 8 月共调查到水生植物 10 科 13 属 20 种。其中，毛茛科 2 属 5 种，浮萍科 2 属 3 种，眼子菜科 1 属 3 种，水麦冬科各 1 属 2 种，小二仙草科、狸藻属、香蒲科、禾本科、莎草科、冰沼草科各 1 属 1 种。

水生维管束植物主要分布在河流沿岸低洼处、沼泽地、池塘、水库等水域，在一些平缓的湿地水域里，植被覆盖度较高。如苏只尾水区及苏只增殖站土池塘。

黄河干流的水生维管束植物资源量有限。由于黄河不同时期水位变幅比较大，水流较快，底质又多为砂石，不利于水生维管束植物生长，其资源量比较少。

3.2.5　水利工程对大型甲壳及两栖动物的影响

公伯峡至积石峡段甲壳动物 2 种，隶属于 1 目 2 科 2 属。中华绒螯蟹是黄河流域发展水产养殖时逃逸进入黄河，秀丽白虾为引种或放生时带入的。

黄河公伯峡至积石峡干流及支流水域两栖类种类有5种（亚种），隶属于2目4科4属。

3.3 结 论

对公伯峡水库回水与隆务河交汇处起至积石峡水库尾水（积石峡鱼类增殖站）的黄河土著鱼类、浮游植物、浮游动物、底栖动物和水生维管束植物等水生生物进行调查，分析了鱼类的组成及区系特征，并研究了水利工程建设对土著鱼类产生的影响。对其他水生生物的现状进行介绍和评价，最后分析了水利工程对其他水生生物产生的影响。

（1）公伯峡和积石峡大坝建成后，公伯峡水库、积石峡水库坝址以上的水域发生了较大的变化，在公伯峡至积石峡段水位升高，水体面积增大，有利于鱼类的生长。但是，大坝阻隔了大坝下游的鱼类向上迁移的通道，使得大坝下游的鱼类在产卵季节聚集在大坝下，无法向上游迁移。此外，还导致了传统大型的鱼类资源下降明显；部分种类已呈濒危状态；外来物种增多。

（2）从总的趋势看，水库将继续保持现有的营养状态，水体温度不会有明显的改变，浮游动物组成结构不会有明显改变，浮游植物数量和生物量将比原有河道有所增加，浮游动植物的种类和数量介于天然河道和湖泊之间。浮游动植物数量的增加将有利于鱼类的生长、发育。

（3）黄河干流的水生维管束植物资源量有限。由于黄河不同时期水位变幅比较大，水流较快，底质又多为砂石，不利于水生维管束植物生长，其资源量比较少。

第 4 章　黄河上游水库对鱼类栖息地影响研究框架

4.1　黄河上游水库对鱼类栖息地影响的关键问题与目标

　　水利水电工程建设带来的生态影响在国内有着诸多案例。自 20 世纪 70 年代以来，长江干流鱼类资源就呈现明显的衰退趋势，具体表现在鱼群组成鱼种趋于简单，鱼群数量也急剧减少。在流域中的湖泊上，人类大量兴建大坝，隔绝江、湖之间的直接联系，是造成以上结果的主要原因。20 世纪 80 年代，长江葛洲坝建成后，中华鲟（国家一级保护动物）的洄游受阻碍，使其无法洄游到金沙江江段产卵繁殖，导致长江上游中华鲟的产卵场、栖息地受到毁灭性打击，直至现在，金沙江段中华鲟的产卵场也没有恢复。三峡大坝从 2003 年开始蓄水后，长江中下游径流量进一步减少，中华鲟、四大家鱼及很多其他鱼类所需的产卵条件（如流速、水位、河床底质类型、水温等）遭到更大的影响。

　　水利工程的兴建对鱼类栖息地的影响是水利工程引起的生态影响的研究中的一大难点和热点问题。鱼类的生存需要一系列适宜的环境因素，这其中不仅包含物理化学因素，如水温、pH 值、溶解氧，而且包括生物因素，如食物、捕食者等。如何确定鱼类"三场"（产卵场、索饵场、越冬场）的存在范围以及水利工程兴建后"三场"的变迁都是研究面临的难点。现今水生态研究学者大部分通过以下途径确定不同鱼类的产卵场、索饵场和越冬场：一是通过访问获得鱼类的繁殖时间、场所，以及在越冬期间鱼类的主要栖息地；二是通过渔获物调查，获取鱼类繁殖群体，特别是鱼类产卵的个体的出现地点、产卵时间；三是在一些可能成为鱼卵黏附基质的地方，寻找黏性卵，获取直接证据。但黄河龙羊峡上游海拔在 3 000 m 以上，黄河干流大都属于高山深峡谷段，两岸山势陡峭，复杂的地形、严峻的气候环境、仪器设备携带困难、交通的不便利等问题都给实地河道水生生物调查带来巨大的困难。

　　黄河中上游的梯级电站工程巨大，梯级电站建成后可能出现的各种问题又不可避免，通过现场调研的方式只能获得现状条件下研究区河段的水文及生态环境资料，试验模拟可以根据上述问题设计试验方案，但往往试验设施和装备的规模、试验方案的综合性不能真实反映实际工程情况，故难以通过试验手段获得工程建成后河道内出现的各种问题。而数学模型则具有以下特殊的优势，它可以利用现场调研获取的数据，对现状条件下研究区河道的整体情况进行真实再现，并在此基础上对工程实施后的河道变化进行预测分析，为整体工程实施的规划设计提供可靠的数据支撑。

　　本书的研究内容包括首次运用数学模型的手段，对黄河上游梯级电站建设对鱼类生存自然环境的改变进行定量化的探讨性研究，通过定量化的研究成果对鱼类生态的保护提供重要指导与数值依据。例如,通过对鱼类生活习性的分析研究,结合梯级电站建设后河流水文、水动力、生态环境条件变化的定量化研究,可以为黄河上游土著鱼类的增殖放流提供重要的指导。此外,由于本书的研究成果可以定量分析梯级水电站建设对鱼类生存环境的影响,因而本书的研究成果也可应用到后续的鱼类人为驯化研究中,首次对驯化的环境条件提供定量化的数据指导。综上分析,研究成果可为鱼类增殖放流、鱼类的人为驯化、渔业生态系统的保护提供量化的数据指导,因而本项研究对社会经济效益影响显著。

4.2 黄河上游水库对鱼类栖息地影响因素分析

栖息地环境是河流生态系统的重要组成部分,也是保证河流生态系统完整性的一个重要条件。探求和建立鱼类与栖息地之间的关系一直是生态水力学领域研究的热点。本书所研究的是水库兴建前后鱼类栖息地的变化情况。梯级水电站开发建设在发挥其社会经济价值的同时,由于其对河道径流特征、水动力条件、河流地貌、营养盐、温度等河道自然条件的改变,也对河流重要的水生态系统造成了潜在、长期的负面影响。影响鱼类栖息地的因素主要分为环境因素和生物因素。环境因素主要包括水文情势、水动力特征、水质状况等;生物因素主要包括种群特性、种间关系以及两者之间相互作用和影响等。本书主要从环境因素方面,分析水库修建对鱼类栖息地的影响。

4.2.1 水文情势

河道径流的季节变化,高低流量的发生频率、历时等水文情势特征对河流生态系统具有决定性作用,水文情势变化直接影响着河流生态系统的连续性和完整性,河流水文情势变化也是水生态环境研究的重点之一。

气候变化与当地人类活动的直接影响是流域径流和河川水文情势变化的两个主要原因。过去 100 年来,地球表面的平均温度增加了 0.74℃,而过去 50 年的增长速率约为过去 100 年的 2 倍。一些研究表明,全球变暖加速了全球水文循环过程,导致了大气中水汽容量增大,使极端气候事件发生的频率增加,进而引发降水、气温等区域气候要素的变化。这些变化在时间和空间上都是不均匀的,从而显著改变了流域径流的时空分布及河道水文情势。流域内的人类活动主要包括引水灌溉、水库调度、土地利用变化等。引水灌溉直接导致了河道径流量的变化,而水库调度的调节作用,直接导致水库下游河道水文情势的变化。当地人类活动引起的下垫面变化可显著改变流域的产流过程。

4.2.2 水动力过程

水动力过程主要包括水流的各种运动方式、相互关系及其发生、发展和停息的机制。水库流动有表面流动,也有内部流动;有周期性的流动,也有非周期性的流动。水库水体流动除受外部因素如表面风场等作用外,还受表面积、深度、水下形态、水温垂直分层结构、泄洪道位置等内部因素的制约。把握水库流动变化规律可以解释泥沙运动、水库冲淤、岸线演变、水物理性质和化学成分变化规律，为水库管理提供资料。水动力特征的研究，以流体力学、水力学为基础，采取野外观测与室内模型试验相结合的方法，近年来数值模拟方法也得到广泛的应用。

流速和水深是最基本的水动力特征参数，其变化与鱼类生境和河流生态具有密切关系。从河段鱼类栖息地角度来看，河流是一个三维立体结构，其环境条件、生物群落存在明显的垂直结构，水深为鱼类提供了充分的活动空间和适当的鱼卵孵化环境，它是评估鱼类栖息地的一项重要指标。

4.2.3　水质状况

水质指标主要包括水中的有机质、溶解氧、化学需氧量、生化需氧量、电导率、浑浊度、水温、pH 值、含沙量等。其中，水温、溶解氧、pH 值、含沙量和鱼类生长繁殖有着极密切的关系。

国内外的研究学者对于鱼类的生存所适宜的温度进行了细致的研究，结果表明不同种类的鱼对水温变化有着不同的响应，过高的水温会导致鱼类代谢下降甚至死亡，过低的水温会导致鱼类生长减慢。鱼类的生存除需要适宜的水温外，还需要适宜的溶解氧浓度。过低的溶解氧浓度会导致鱼类新陈代谢下降，甚至窒息死亡；过高的溶解氧浓度会导致鱼类得气泡病。pH 值对鱼类受精卵孵化、仔鱼活力、幼鱼生长都有重要影响。鱼类最适宜生存在中性或微碱性的水体中，并且个体之间存在较明显的差异。水中酸性过强会使鱼类血液中 pH 值下降，削弱其载氧能力，造成缺氧症。此外，pH 值过高还会引起水中 NH_4^+ 和 NH_3 的比例及其毒性增加，对鱼类造成不利影响。含沙量的变化会影响鱼类的呼吸系统，高含沙水流会引起鱼类避难运动量的增加，从而增加呼吸频率和需氧量，同时容易淤堵鱼鳃，影响摄入氧气功能。

4.3　研究思路与方法

梯级水电站的建设改变了河流径流特征、河流地貌及水文水动力条件，改变了河流营养盐和温度的分布，它们的协同作用增加了梯级水电站建设对鱼类等水生态栖息地的影响。因此，本书主要从流域水系统监测和水系统模型两方面介绍研究思路和方法。

4.3.1　流域水系统监测

4.3.1.1　水文监测与分析

水文监测是通过科学方法对自然界水循环要素（降水、蒸散发、土壤水等）的时空分布以及水循环过程的变化规律进行监控、测量、分析。水文监测是流域水管理、水系统模拟、栖息地变化评估等工作的基础。水文监测的内容有水位、流量、流速、降水、蒸发等；监测技术则包括传统的人工监测技术和自动化技术。

1. 降水

降水的观测应避开强风区，设在周围空旷、平坦、不受突变地形、树木和建筑物以及烟尘影响的地方。观测可选用翻斗式雨量计、融雪式雨量计（电加热）等自记仪器，高寒地区可使用称重式雪量计（雪垫）、压力式雨雪量计。

2. 蒸发

蒸发观测场地应能代表附近真实的地质及覆盖状态，四周应空旷平坦，气流畅通，一般在上风向；蒸发场距离较大水体最高水位线的水平距离应大于 100 m。观测仪器应能自动检测蒸发量，并具有遥测功能。可选用标准水面蒸发器 E601B、自记／遥测蒸发器。在封冻期间可使用 20 cm 口径蒸发皿进行辅助观测。

3. 水位

水位观测应以自动检测为主。临时性水位观测可设立水尺辅以人工观测的方法，水尺不应安置在壅水、跌水或有大浪的地方。水位观测仪器可选用压力式、浮子式和触点式电子水尺等。

4. 流量

流量测验应优先采用自动监测方式，根据水道和断面情况可选用其他相应方法。具有稳定水力关系的可采用推算流量的方法。

4.3.1.2 水质监测与分析

水质监测参照《地表水和污水监测技术规范》（HJ/T 91—2002），水质数据的采集主要分为现场采集和实验室化验两种途径。现场采集的指标有水温、pH 值、DO、电导率、透明度、水的颜色等指标。而氨氮、COD_{Mn}、COD_{Cr}、BOD_5、总磷、总氮等指标则需将水样从现场取回化验得到。

采样断面的布设应力求以较少的采样断面和测点获取最具代表性的样品，全面、真实、客观地反映该区域水环境质量及污染物的时空分布状况与特征。选择河段顺直、河岸稳定、水流平缓且交通方便处，避开死水及回水区，并尽量与水文断面布设相结合，以充分发挥水利系统水质与水量并重的优势。

同一河流应力求水质、水量时间同步采样。黄河干流采样频次每年不得少于 12 次，每月中旬采样；在支流采样频次每年不得少于 6 次，丰、平、枯水期各 2 次。采样器应有足够强度，且使用灵活、方便可靠，与水样接触部分应采用惰性材料，采样器在使用前，应先用洗涤剂洗去油污，用自来水冲净，再用 10% 盐酸冲刷，自来水冲净后备用。

根据实际情况，可选用自动或人工采样方式与方法采集样品。水质采样应在自然水流状态下进行，不应扰动水流与底部沉积物，以保证样品代表性。采样时，采样器口部应面对水流方向。用船只采样时，船首应逆向水流，采样在船舷前部逆流进行，以避免船体污染水样。容器在装入水样前，应先用该采样点水样冲洗三次。装入水样后，应按照要求加入相应的保存剂后摇匀，并及时填写水样标签。测定溶解氧与生化需氧量的水样采集时应避免曝气，水样应充满容器，避免接触空气。采样时应做好现场采样记录，填好水样送检单，核对瓶签。

4.3.1.3 水生态监测

水生生物是水环境的重要组成之一，是水环境监测的一个重要部分。生物监测的主要目的是通过监测调查，掌握生物种群、群落和生态系统等的结构和功能，为水利工程对水生态系统、水环境质量的影响评估提供基础资料支持。水生生物样本包含浮游植物、浮游动物、底栖动物、着生生物、水生维管束植物、鱼类等的生物量、生物密度和生物多样性等。样品采集参照《水环境监测规范》（SL 219—2013）；而样品浓缩、固定和保存按照《水生生物监测手册》（东南大学出版社）的方法进行。

采样断面应在监测站的范围内，按要求在各站代表性水域布设采样垂线。生物采样点布设与理化监测采样点布设不完全一致。生物监测采样布设采样断面，只设采样垂线。在一条采样垂线上，视采集生物种类及其分布状况和测定项目，可设一至数个采样点。浮游生物、微生物样品应分层采集，当水深大于 10 cm，布设三个采样点，即在透光层或温跃层以上的水层，分别在水面下 0.5 m 和最大透光深度处各布设一个采样点；透光层或温跃层以下，只在底上 0.5 m 处布设一个采样点。对底栖动物、着生生物和水生维管束植物，每条采样垂线设一个采样点。采集鱼样时，应按鱼的摄食和栖息特点，如肉食性、杂食性和草食性、表层和底层等在监测水域范围内采集。

4.3.2　水系统模型

黄河中上游的梯级电站工程巨大，通过现场调研的方式只能获得现状条件下研究区河段的水文及生态环境资料，物理试验模拟可以根据上述问题设计试验方案，但往往试验设施和装备的规模、试验方案的综合性不能真实反映实际工程情况，从而造成难以通过试验手段获得工程建成后河道内出现的各种问题。数学模型则可以利用现场调研获得的数据优势，对现状条件下研究区河道的整体情况进行真实再现，并在此基础上对工程实施后的河道变化进行预测分析，为整体工程实施的规划设计提供可靠的数据支撑。因此，在梯级电站工程实施前，以现有的研究区河段水文资料、生态环境和水生生物调查报告数据、梯级电站项目规划设计报告等为研究基础，采用数学模型的方法模拟分析在工程实施前保护区河段内的河流水动力学特征、环境条件特征和水生态系统特征，定量评价在工程实施前的现状条件下，水环境状态和水生态系统健康状态；并运用数学模型的手段量化分析在工程实施后保护区河段内的流场变化程度、环境条件的变化程度和工程建成后生物栖息地分布形态的变化趋势，采取修复措施保护和恢复水生态环境的生境是十分必要的。

本节重点介绍针对水利工程对鱼类栖息地的影响而搭建的水动力模型、水温模型、水质模型、水生态模型。

4.3.2.1　水动力模型

采用丹麦水力研究所开发的 DHI MIKE21/3FM 建立二维非恒定流的水动力学模型，通过解算不可压缩流体沿水深积分的雷诺平均 Navier Stokes 方程模拟河道内水深、流速、涡量的沿程变化。模型主要由 4 部分组成：建立河床地形模块、划分计算网格模块、确定进出口的边界条件和率定模型的计算参数。MIKE 3 FM 模型基于三维不可压缩雷诺平均 Navier-Stokes 方程解法，并满足流体静压假定和 Boussinesq 假定。模型的主要控制方程如下：

水流连续方程

$$\frac{\partial u}{\partial x} + \frac{\partial v}{\partial y} + \frac{\partial w}{\partial z} = S \tag{4-1}$$

水流动量方程（x 方向）

$$\frac{\partial u}{\partial t} + \frac{\partial u^2}{\partial x} + \frac{\partial vu}{\partial y} + \frac{\partial wu}{\partial z} = fv - g\frac{\partial \eta}{\partial x} - \frac{1}{\rho_0}\frac{\partial p_a}{\partial x} - \frac{g}{\rho_0}\int_z^\eta \frac{\partial \rho}{\partial x}\mathrm{d}z -$$
$$\frac{1}{\rho_0 h}\left(\frac{\partial s_{xx}}{\partial x} + \frac{\partial s_{xy}}{\partial y}\right) + F_u + \frac{\partial}{\partial z}\left(v_t\frac{\partial u}{\partial z}\right) + u_s S \tag{4-2}$$

水流动量方程（y 方向）

$$\frac{\partial v}{\partial t} + \frac{\partial v^2}{\partial y} + \frac{\partial uv}{\partial x} + \frac{\partial wv}{\partial z} = -fu - g\frac{\partial \eta}{\partial y} - \frac{1}{\rho_0}\frac{\partial p_a}{\partial y} - \frac{g}{\rho_0}\int_z^\eta \frac{\partial \rho}{\partial y}\mathrm{d}z -$$
$$\frac{1}{\rho_0 h}\left(\frac{\partial s_{yx}}{\partial x} + \frac{\partial s_{yy}}{\partial y}\right) + F_v + \frac{\partial}{\partial z}\left(v_t\frac{\partial v}{\partial z}\right) + v_s S \tag{4-3}$$

上式中，t 为时间；x，y，z 为笛卡儿坐标系；$h=\eta+d$ 为总水深，η 为水面高度，d 为静水深；u，v，w 分别是 x，y，z 方向上的速度分量；$f = 2\Omega\sin\phi$ 为科里奥利参数（Ω 是旋转角速度，ϕ 是纬度）；g 为重力加速度；ρ 为水的密度；s_{xx}，s_{xy}，s_{yx} 和 s_{yy} 为辐射应力张量的分量；v_t 为垂向涡黏系数；p_a 为大气压强；ρ_0 为水的参考密度；S 为点源的流量大小；（u_s，v_s）为源汇项水流流速；（F_u，F_v）为水平应力项，用压力梯度相关来描述，简化为：

$$F_u = \frac{\partial}{\partial x}\left(2A\frac{\partial u}{\partial x}\right) + \frac{\partial}{\partial y}\left(A\left(\frac{\partial u}{\partial y} + \frac{\partial v}{\partial x}\right)\right) \tag{4-4}$$

$$F_v = \frac{\partial}{\partial x}\left(A\left(\frac{\partial u}{\partial y} + \frac{\partial v}{\partial x}\right)\right) + \frac{\partial}{\partial y}\left(2A\frac{\partial v}{\partial y}\right) \tag{4-5}$$

其中，A 为水平方向上的涡黏值。

速度 u，v，w 表面和底面边界条件为：

$z = \eta$ 时 $\quad \frac{\partial \eta}{\partial t} + u\frac{\partial \eta}{\partial x} + v\frac{\partial \eta}{\partial y} - w = 0$ ，$\left(\frac{\partial u}{\partial z}, \frac{\partial v}{\partial z}\right) = \frac{\partial \eta}{\rho_0 v_t}\left(\tau_{sx}, \tau_{sy}\right)$

$z = -d$ 时 $\quad u\frac{\partial d}{\partial x} + v\frac{\partial d}{\partial y} + w = 0$ ，$\left(\frac{\partial u}{\partial z}, \frac{\partial v}{\partial z}\right) = \frac{\partial \eta}{\rho_0 v_t}\left(\tau_{bx}, \tau_{by}\right)$

其中，$\left(\tau_{sx}, \tau_{sy}\right)$ 和 $\left(\tau_{bx}, \tau_{by}\right)$ 分别为表面风和底面的切应力在 x 和 y 方向上的分量。

从动量方程和连续性方程中求得速度场后，总水深 h 可以由表面上的运动学边界条件求得。

MIKE 3 FM 采用标准 $\kappa\text{-}\varepsilon$ 湍流模型来封闭 N-S 方程解得涡黏系数 ν_t

$$\nu_t = c_\mu \frac{k^2}{\varepsilon} \qquad (4\text{-}6)$$

式中，κ 为单位质量的湍动能（TKE）；ε 为湍动耗散率；c_μ 为一个经验常数。

湍动能 κ 和湍动耗散率 ε 由以下的输送方程得到：

$$\frac{\partial k}{\partial t} + \frac{\partial uk}{\partial x} + \frac{\partial vk}{\partial y} + \frac{\partial wk}{\partial z} = F_k + \frac{\partial}{\partial z}\left(\frac{v_t}{\delta_k}\frac{\partial k}{\partial z}\right) + P + B - \varepsilon \qquad (4\text{-}7)$$

$$\frac{\partial \varepsilon}{\partial t} + \frac{\partial u\varepsilon}{\partial x} + \frac{\partial v\varepsilon}{\partial y} + \frac{\partial w\varepsilon}{\partial z} = F_\varepsilon + \frac{\partial}{\partial z}\left(\frac{v_t}{\delta_\varepsilon}\frac{\partial \varepsilon}{\partial z}\right) + \frac{\varepsilon}{k}\left(c_{1\varepsilon}P + c_{3\varepsilon}B - c_{2\varepsilon}\varepsilon\right) \qquad (4\text{-}8)$$

其中，剪切作用 P 和浮力作用 B 由下式给出：

$$P = \frac{\tau_{xz}}{\rho_0}\frac{\partial u}{\partial z} + \frac{\tau_{yz}}{\rho_0}\frac{\partial v}{\partial z} \approx v_t\left(\left(\frac{\partial u}{\partial z}\right)^2 + \left(\frac{\partial v}{\partial z}\right)^2\right) \qquad (4\text{-}9)$$

$$B = -\frac{v_t}{\sigma_t}N^2 \qquad (4\text{-}10)$$

上式中的 Brunt-Vaisala 频率 N 定义为：

$$N^2 = -\frac{g}{\rho_0}\frac{\partial \rho}{\partial z} \qquad (4\text{-}11)$$

σ_t 是湍流普朗特数，σ_κ、σ_ε、$\sigma_{1\varepsilon}$、$\sigma_{2\varepsilon}$ 和 $\sigma_{3\varepsilon}$ 是经验常数，F 由下式定义的水平扩散项：

$$(F_k, F_\varepsilon) = \left[\frac{\partial}{\partial x}\left(D_h\frac{\partial}{\partial x}\right) + \frac{\partial}{\partial y}\left(D_h\frac{\partial}{\partial y}\right)\right](k, \varepsilon) \qquad (4\text{-}12)$$

其中，水平扩散系数由 $D_h = A/\sigma_k$ 和 $D_h = A/\sigma_\varepsilon$ 分别给出。

$\kappa\text{-}\varepsilon$ 湍流模型已经有经过仔细校准的经验系数。表 4-1 中列出了这些经验常数。

表 4-1　模型中的经验常数

c_μ	$c_{1\varepsilon}$	$c_{2\varepsilon}$	$c_{3\varepsilon}$	σ_t	σ_κ	σ_ε
0.09	1.44	1.92	0	0.9	1.0	1.3

模型通过采用 σ 坐标变换法来模拟自由表面的变化：

$$\sigma = \frac{z - z_b}{h}, \quad x' = x, \quad y' = y \qquad (4\text{-}13)$$

式中，σ 在 0 和 1 之间变化，底床为 0，自由表面为 1；z_b 为底床垂向坐标；h 为总水深。

对控制方程的空间离散采用基于网格中心的有限体积法。水平面采用非结构化网格，数值方向采用结构化网格。在三维模型中，网格单元可以是水平面，分别为三角形的棱柱或四边形的砖形体，示意图可参考图4-1。水平面上还可以采用三角形、四边形的混合网格。非结构化网格不仅对复杂几何地形提供了最优程度的拟合网格，而且还可以对边界进行光滑处理。可以在重点区域布置较小的网格单元，非重点区域布置较大的网格单元，但网格加密需要花费更长的计算时间。

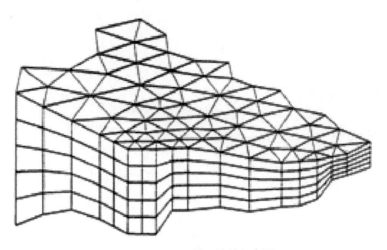

图4-1　三维计算网格的示意图

4.3.2.2　水温模型

河道筑坝成库后热力学条件发生明显改变，水库水温出现垂向分层现象。水库温度分层加剧了水库工程建设的环境影响，尤其是运行期间下泄水温会对下游河流的水环境、生态系统等产生重要影响。水库水温模拟技术是研究水温影响和水温管理的重要技术手段，建立在物理机制上的水温数学模型已成为进行水温研究的最重要和最主要技术方法。

本书采用的水温模型是基于 MIKE3 中温盐子模块为基础搭建而成。

三维水温模型的物理基础是热量守恒原理，热平衡方程是描述热量交换或温度变化的基础数学式。模型系统中热交换过程主要包括有太阳的短波辐射、大气和水面的长波辐射、水体蒸发散热等，热平衡方程表达式为：

$$\Delta q = q_{io} + q_p + q_{ss} - q_c + q_s - q_{sr} - q_{su} + q_l - q_{lr} - q_{lu} + q_g + q_{sed} - q_v \qquad （4-14）$$

式中，Δq 为水体中吸收热增量；q_{io} 为入流 / 出流的热量变化量；q_{ss} 为源汇项的热量变化量；q_p 为降雨产生的热量变化量；q_v 为蒸发产生的能量损失量；q_c 为对流产生的热量变化量；q_s 为短波辐射量；q_{sr} 为反射的短波辐射量；q_{su} 为水体发出的短波辐射量；q_l 为水面以上的长波辐射量；q_{lr} 为反射到水体中的长波辐射量；q_{lu} 为水体散发出的长波辐射量；q_g 为地面与水体之间的热交换量；q_{sed} 为沉淀物与水体之间的热交换量。

在搭建的水温模型参数设置中只考虑了热量平衡方程中的部分变量，考虑到水库的情形和资料的介绍，模型没有包含 q_{io} 和 q_{ss} 水体与地面之间的热交换量，也即是与河道岸壁之间热交换量，沉淀物一般表示泥沙，而泥沙和岸壁与水体的热交换量在热量平衡方程中影响总量占比较小，因此在模型实际计算中将这两项忽略，即 $q_g = q_{sed} = 0$。

水库水温模型中气象条件与水体热交换过程主要是通过水气界面，热交换方式有辐射、传导、蒸发等。各类热量计算根据公认经验公式得到，其中太阳短波辐射热量通过太阳常数、太阳高度、方位角、纬度、水面反射等计算得到，并考虑云量对其散射、遮挡的影响，但没有考虑植被、地形的遮阴影响，可见光在水下传播遵循比尔定律；长波辐射分为水体表面和大气散发的长波辐射两部分，净长波辐射热量与云量、大气温度、大气水汽压、相对湿度等有关；蒸发潜热是表层水温、大气条件（水汽压力、大气紊流）的函数，与大气温度、水面温度、大气湿度、风速等有关；感热是表层水温、大气条件（气温、大气紊流）的函数，主要由风速、大气与水面温差决定。

4.3.2.3　水质模型

本书研究过程中搭建的水质模型是水动力模型和对流扩散模型耦合而成，其中水动力模型在上述内容中已经介绍过，本小节主要介绍的是对流扩散模型。

1. 水质控制方程

污染物质在水中的扩散采用对流扩散方程：

$$\frac{\partial C}{\partial t} + u\frac{\partial C}{\partial x} + v\frac{\partial C}{\partial y} = D_x\frac{\partial^2 C}{\partial x^2} + D_y\frac{\partial^2 C}{\partial y^2} \qquad (4\text{--}15)$$

式中，C 为浓度，mg/L；D_x，D_y 为 x 和 y 方向上的扩散系数。

2. 水质降解方程

污染物质在水中的降解采用一级反应方程式：

$$\frac{\partial C}{\partial t} = -KC \qquad (4\text{--}16)$$

式中，t 为时间，s；C 为浓度，mg/L；K 为衰减系数，s^{-1}。

4.3.2.4　水生态模型

水生态模型（ABM）通过重现个体（介质）的实际运动情况及其对整个生态系统带来的变化，该模型可被用于描述及研究上述分布模式。所以，ABM 模型的构建可理解为 ABM = $\sum$ PT + ECOLab，以及粒子追踪模块与 ECO Lab 之间的耦合计算。图 4-2 为 ABM 模型构建框架图示。因此，鱼类栖息地模型的开发以 ABM 模板开发为基础，将鱼类的生活习性及生境特性通过微分方程描述于模板之列，从而可以基于上述模型的模拟结果，进一步描述鱼类栖息地特征及其影响。

4.4　技术路线

本书基于黄河上游干流龙羊峡至茨哈段梯级水库，建立水库的三维水动力学模型，模拟分析现状条件下水库的水位、流速、流向变化趋势及规律，为后续模型提供基础的水动力结果。

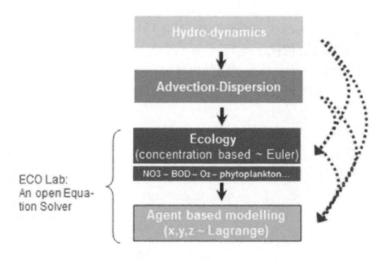

图 4-2　ABM 模型结构

　　在前述水动力模型基础上，搭建基于 MIKE 3 FM 中的温盐子模块的水库温度场模型，并考虑温度随水流的迁移、扩散和大气的热量交换等因子，其中与大气的热交换是计算的重点，计算分析梯级水库不同调度方案条件下温度场分布情形及开展生物生境温度场的适应性研究。

　　在前述水动力模型基础上，基于现有的调查分析的水质条件和环境条件，搭建库区三维水质模型，在研究现状条件下，模拟分析库区实际运行调度条件下的水库水质分布规律、生物生境水质适应性及有机物年际迁移转化规律等。

　　通过对河流径流特征、水文水动力条件、温度等因素的改变，分析研究对黄河土著鱼类花斑裸鲤、黄河裸裂尻鱼的影响。

　　本书的研究技术路线见图 4-3。

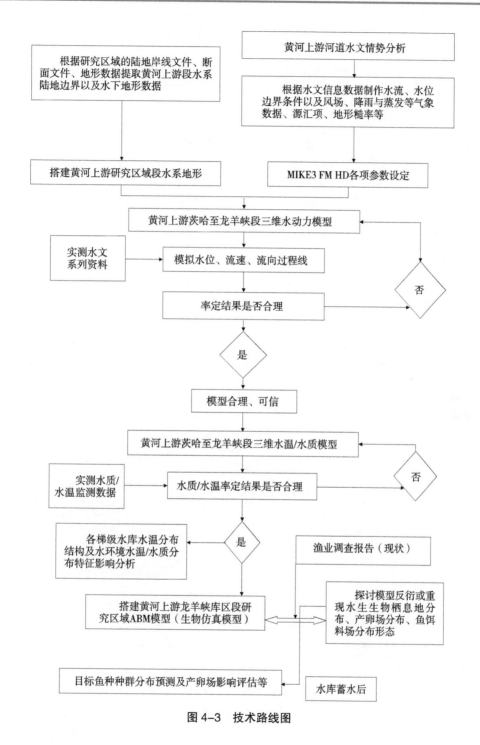

图 4-3 技术路线图

第 5 章　黄河上游水文情势变化分析

5.1　气候因子分析

气候变化因子主要考虑气温、降水、蒸发因子，气温、降水数据来源于中国气象数据网，结合黄河源区各气象站气温、降水资料，得出源区的平均状况，从而进行研究分析。

5.1.1　气温变化分析

5.1.1.1　气温时间序列

根据黄河源流域 1960 ~ 2014 年气温数据，做出黄河源平均气温时间序列变化曲线，如图 5-1 所示。由图 5-1 可以看出，黄河源流域 1960 ~ 2014 年气温整体呈递增趋势。多年平均气温为 –0.38℃，最高年均气温为 0.73 ℃，出现在 2009 年，最低年均气温为 –2.25 ℃，出现在 1962 年。年平均气温变化倾向率为 0.36 ℃ /10 a，决定系数 R^2=0.62，查相关系数检验表得 α=0.05，n=55 时 R_α=0.266，而相关系数 R= 0.79> R_α，表明所研究的系列存在显著的递增趋势。

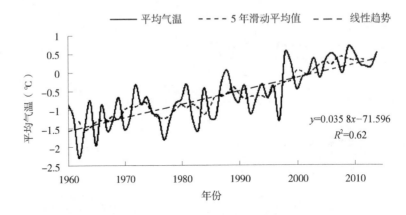

图 5-1　黄河源平均气温年时间序列变化图

5.1.1.2　气温累计距平变化过程

根据黄河源流域 1960 ~ 2014 年气温数据资料，做出黄河源气温累计距平线，如图 5-2 所示。由图 5-2 中可以看出，在本研究所用的年系列当中，气温累计距平都是负值，累计距平值都呈现出先降低后增加的趋势。从平均气温来看，源区气温累计距平值出现了 2 个转折点，在 1986 年发生转折而后平稳波动，在 20 世纪 90 年代末，再一次发生转折，此后开始呈现上升趋势。年平均最低气温在 1986 年发生转折，年平均最高气温在 20 世纪 90 年代末发生转折，而后呈现显著上升趋势。

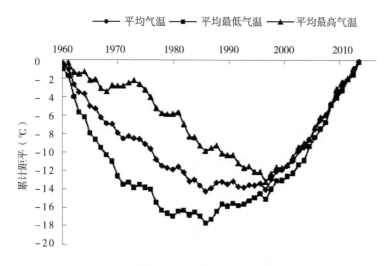

图 5-2　气温累计距平图

5.1.1.3　气温 M-K 检验

根据黄河源流域 1960 ~ 2014 年气温数据资料，分别做出多年平均气温 M-K 统计量曲线和年平均最低气温 M-K 统计量曲线，如图 5-3 所示。由图 5-3 可知，多年平均气温 M-K 统计量曲线可以看出黄河源平均气温在 20 世纪 60 年代开始到 90 年代一直处于升温期，在 90 年代末，UF、UB 曲线在 0.01 显著性水平临界值线附近相交，无法判断是否发生了突变，结合累计距平图显示的转折点，可判断在 90 年代末发生转折。

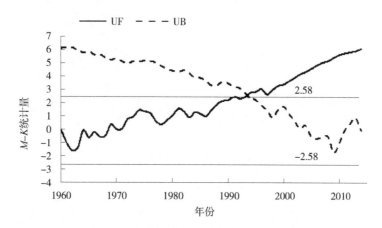

图 5-3　黄河源流域年平均气温 M-K 统计量曲线

根据黄河源流域 1960 ~ 2014 年气温数据资料，做出年平均最低气温 M-K 统计量曲线，如图 5-4 所示。由图 5-4 可知，流域内平均最低气温一直处于增加趋势，在 1986 年于临界值线附近两曲线相交，同样无法判断其是否发生了突变，结合累计距平图，可以判断平均最低气温在 1986 年发生了转折，1986 年之后气温呈现明显的增长趋势。

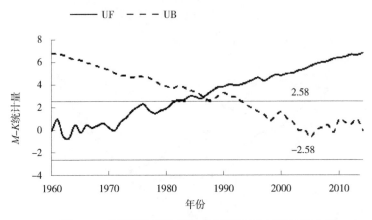

图 5-4 黄河源流域年平均最低气温 *M–K* 统计量曲线

根据黄河源流域 1960 ～ 2014 年气温资料，做出年平均最高气温 *M–K* 统计量曲线，如图 5-5 所示。由图 5-5 可知，平均最高气温 *M–K* 统计量曲线可以看到，UF、UB 曲线在 0.01 显著性水平临界值线之间相交，即可以判断平均最高气温在 20 世纪 90 年代末发生突变，而后波动上升，在 2007 年以后 UF 曲线超过了临界值线，呈现显著的增长趋势。

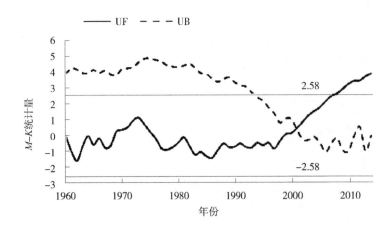

图 5-5 年平均最高气温 *M–K* 统计量曲线

5.1.2 降水变化分析

5.1.2.1 降水年内变化

由于气候的季节性波动性变化，降水和气温等气候要素都呈现出季节性变化，这就使得降水和气温等在年内分配不均，降水的年内分配特征通常采用各月、季占全年降水量的百分比等来反映。

根据黄河源流域降水资料，做出黄河源流域多年平均月降水量及其分配比例图和降水量季节分配比例图，如图 5-6、图 5-7 所示。由图 5-6 可知，降水年内分配差异较大，多年最大平均月降水量发生在 7 月，月降水量为 99.2 mm，占多年平均年降水量的 21.7%。根据黄河源区降水径流特性，研究划分汛期为 5 ~ 10 月，汛期降水量占年降水量的 90.9%；而 11 月至第二年 2 月的降水量最少，仅占全年降水量的 3.1%。如图 5-7 所示，黄河源流域降水季节分配也极不平衡，夏季降水占全年降水量的 58.1%，冬季降水只占全年降水量的 2.2%。

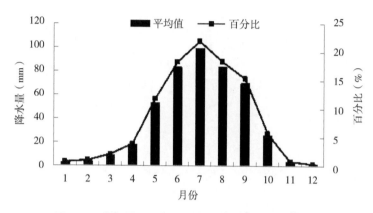

图 5-6　黄河源流域多年平均月降水量及其分配比例

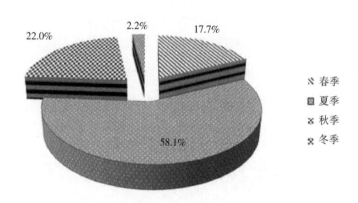

图 5-7　黄河源流域降水量季节分配比例

5.1.2.2　降水量时间序列

　　根据黄河源流域 1960 ~ 2014 年降水资料，做出平均降水量年时间序列变化图、非汛期降水量时间序列分布图和汛期降水量时间序列分布图，如图 5-8 ~ 图 5-10 所示。由图 5-8 可知，1960 ~ 2014 年降水量呈现波动递增的趋势。多年平均降水量为 496.67 mm，其中最大年降水量为 632.08 mm，出现在 1989 年，最小降水量为 365.88 mm，出现在 1962 年。从图 5-8 中还可以看到在 1990 年之前序列点系处于趋势线两侧，呈现震荡增加趋势，在 1990 年之后降水量处于趋势线以下，说明在 1990 ~ 2006

年之间降水量呈现了下降趋势。图 5-8 中年平均降水量变化倾向为 6.80 mm/10 a，决定系数 R^2=0.0364，查相关系数临界值表得 α=0.05，n=55，R_α=0.266，而相关系数 R=0.19< R_α。表明原系列整体存在不显著的递增趋势。

—— 降水量　　- - - - 5 年滑动平均值　　– – – 线性趋势

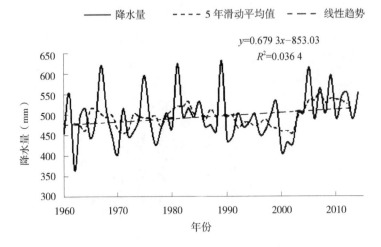

y=0.679 3x−853.03
R^2=0.036 4

图 5-8　黄河源平均降水年时间序列变化图

通过图 5-9 可知，黄河源非汛期降水量整体呈现增加的趋势，查相关系数临界值表得 α=0.05，n=55，R_α=0.266，而相关系数 R=0.52>R_α。表明原系列整体存在显著的递增趋势。降水增加率为 6.7 mm/10 a，在 80 年代末开始略有下降的趋势，在 21 世纪初又回升。

—— 降水量　　- - - - 5 年滑动平均值　　– – – 线性趋势

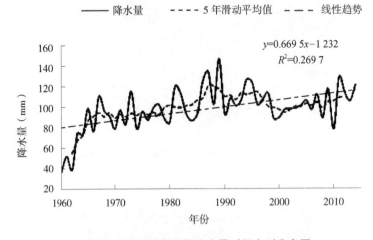

y=0.669 5x−1 232
R^2=0.269 7

图 5-9　黄河源非汛期降水量时间序列分布图

由图 5-10 可知，黄河源汛期降水量变化基本平稳，在 80 年代末出现了下降趋势，21 世纪初表现出上升趋势。这些结论表示黄河源在 80 年代末到 21 世纪初，整体比较干旱，在 21 世纪初开始又恢复变湿的趋势。

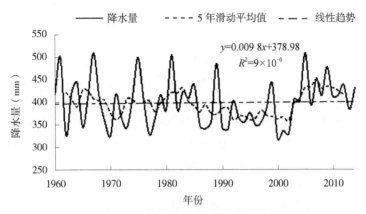

图 5-10　黄河源汛期降水量时间序列分布图

5.1.2.3　降水量累计距平

根据黄河源流域 1960 ~ 2014 年降水资料，做出降水量累计距平图，如图 5-11 所示。从图 5-11 中可以看到，在研究系列内，降水量累计距平曲线几乎都在横坐标轴以下，图中有两个比较明显的转折点，分别在 1989 年与 21 世纪初，降水量在 1989 年至 21 世纪初经历了明显的减少的变化，在 2002 年以后又开始呈现递增趋势。

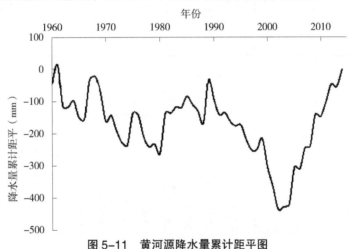

图 5-11　黄河源降水量累计距平图

5.2　径流分析

5.2.1　年内径流分析

径流的年内分配又称径流的年内变化或季节分配。天然河流由于受气候因素及流域调蓄能力有关的下垫面因素的影响，径流量在年内的分配是不均匀的。

5.2.1.1　径流百分比法

根据实测径流资料（日平均资料）统计出相应年度的年径流量。然后确定计算时段

（月或季），并根据水文站径流资料统计出相应时段内的径流量，即可算出不同时段的径流量站年径流量的百分比，如表 5-1、图 5-12 所示。

结合表 5-1 和图 5-12，我们看到以唐乃亥站作为黄河源的控制站，其径流年内分布不均，其多年平均年径流量是 199.89 亿 m³，而且绝大部分集中在 6 ~ 10 月，其径流量能占到年径流总量的 70%。其中，6 月平均径流量为 23.27 亿 m³，占全年径流量的11.64%；7 月径流量最大，多年平均径流量为 34.56 亿 m³，占全年径流量的 17.29%；8月平均径流量为 28.47 亿 m³，占全年径流量的 14.25%；9 月平均径流量为 31.18 亿 m³，占全年径流量的 15.60%；10 月平均径流量为 25.39 亿 m³，占全年径流量的 12.70%。研究时期内，流域 12 月、1 月、2 月径流量均很少，三个月的径流量仅占年流量的 7.4%，其中最小月径流量出现在 2 月，仅占年径流量的 2.19%。同时，由最大正负误差线，可以看出在研究时期内，历史最大月径流量发生在 9 月，最小月径流量发生在 12 月。

表 5-1　唐乃亥水文站多年平均年径流量年内分配表

月份	1 月	2 月	3 月	4 月	5 月	6 月
月径流量（亿 m³）	4.43	4.38	5.78	9.29	14.69	23.27
百分比（%）	2.22	2.19	2.89	4.65	7.35	11.64
月份	7 月	8 月	9 月	10 月	11 月	12 月
月径流量（亿 m³）	34.56	28.47	31.18	25.39	12.47	5.98
百分比（%）	17.29	14.25	15.60	12.70	6.24	2.99

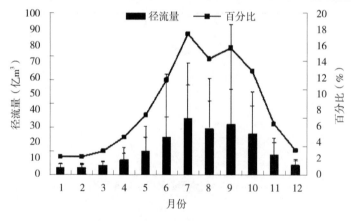

图 5-12　唐乃亥水文站多年平均月径流量分配

5.2.1.2　径流季节分配

径流补给来源的多少直接决定其年内的分配情况。根据黄河源流域 1960~2014 年径流资料，做出多年平均径流量季节分配比例图，如图 5-13 所示。由图 5-13 可知，黄河源径流年内季节分配不均，夏季径流量占全年径流量的 43.18%，比例最大；其次是春季，径流量占全年径流总量的 34.54%；再次是秋季，比例约为 14.88%；最小的是冬季，仅占全年径流量的 7.40%。季节降水年内分配与径流年内分配大体趋势一致。径流与降水多年最大平均月径流量发生时间一致,再次证明了源区降水量是影响径流的重要因素。

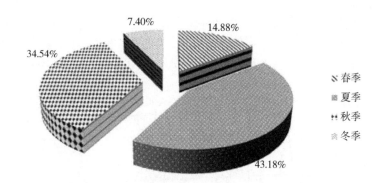

图 5-13　黄河源流域多年平均径流量季节分配比例

5.2.1.3　年内分配特征

　　根据黄河源流域 1960~2014 年径流资料,计算出径流量年内分配统计特征,如表 5-2 所示。由表 5-2 可以看出,黄河源流域径流年内分配不均性和集中度普遍比较高,说明径流年内分配相对比较集中,计算集中期显示出现在 8 月,结合唐乃亥水文站多年平均月径流量分配(见图 5-12),我们看到 7 月、8 月、9 月三个月径流呈现凹型,由于最大月径流为 7 月,9 月次之,而后就是 8 月,所以通过计算出现了靠拢汇集现象,即得到了 8 月为集期。黄河流域 1960~2014 年平均月径流量的不均匀系数和完全调节系数分别是 0.71 和 0.3,并且与集中度具有较好的同步性变化规律。凡是不均匀系数值高的,集中度值也高,径流量具有明显的丰枯季节变化。从黄河源流域径流年内变化幅度看,径流年内相对变化幅度从 17.96 降到 15.60,而多年平均变化幅度为 16.93(大于15.60),说明 1990~2014 年期间径流量明显小于 1960~1990 年及整个研究时段。

表 5-2　黄河流域径流年内分配统计特征

时段(年)	不均匀系数	完全调节系数	集中度	集中期		相对变化幅度(%)	绝对变化幅(亿 m³)
				合成向量方向	出现时间		
1960~1990	0.73	0.31	0.46	207.1°	8 月	17.96	2.1
1990~2014	0.68	0.29	0.44	202.4°	8 月	15.60	1.58
1960~2014	0.71	0.3	0.45	205°	8 月	16.93	1.87

5.2.2　年际径流变化分析

5.2.2.1　时间序列变化过程

　　根据黄河源流域唐乃亥站和玛曲站 1960~2014 年径流资料,分别做出其径流变化趋势曲线,如图 5-14 和图 5-15 所示。

　　通过分析图 5-14 可知,唐乃亥站 1960~2014 年径流呈现递减趋势,下降斜率

为 −5.684 亿 m³/10 a，决定系数 R^2=0.030 8，相关性系数为 0.175。假设序列通过置信度 α =0.95 的假设检验，查相关性系数检验表得 α =0.05，n=55 时，R_α=0.266，相关性系数 R=0.175<R_α，表明原序列存在不显著的递减趋势。这种下降趋势表现在 20 世纪 80 年代中期到 21 世纪初滑动平均值下降得比较明显，下降趋势比较显著。此外研究系列当中唐乃亥站 1989 年径流量最大，为 326.403 亿 m³；2002 年最小，为 105.490 亿 m³。

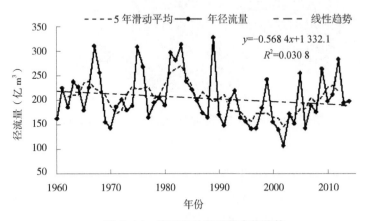

图 5-14　唐乃亥站径流量变化趋势

如图 5-15 所示，玛曲站 1960~2014 年径流量成递减趋势，多年平均径流量为 143.96 亿 m³。其中，最大年径流量为 222.13 亿 m³，出现在 1989 年；最小年径流量为 71.81 亿 m³，出现在 2002 年。年平均径流量变化率为 −4.443 亿 m³/10 a，决定系数 R^2=0.041，相关性系数为 0.202，假设序列通过置信度 α =0.95 的假设检验，查相关性系数检验表得 α =0.05，n=55 时，R_α=0.266，相关性系数 $R<R_\alpha$，表明原序列存在不显著的递减趋势。与唐乃亥站相似的是该序列同样在 20 世纪 80 年代中期到 21 世纪初，径流量下降趋势比较明显，由此我们可以进一步推断，黄河源流域在 80 年代末以后径流量呈现明显的下降趋势，在 21 世纪初开始回升。

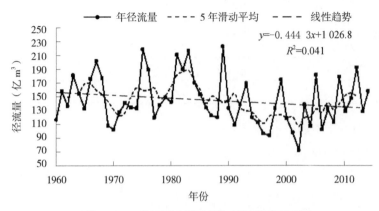

图 5-15　黄河源（玛曲站）径流量变化趋势

根据黄河源流域 1960 ～ 2014 年径流资料,分别做出其汛期和非汛期径流变化趋势曲线,如图 5-16 和图 5-17 所示。

　　由图 5-16 和图 5-17 可知,无论是汛期还是非汛期,该控制站的径流量变化下降趋势不显著,汛期径流的下降趋势更加明显,下降趋势率为 5.12 亿 m³/10 a,非汛期径流下降趋势率为 0.60 亿 m³/10 a,汛期与非汛期表现出幅度不同但趋势一致的下降趋势,无论是汛期还是非汛期都在 20 世纪 80 年代开始处于线性趋势线以下,呈现明显的下降趋势。与非汛期的径流相比,汛期的径流趋势相对比较明显,且与多年平均径流量的变化情况保持一致。

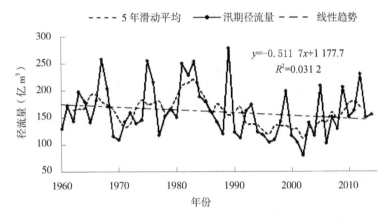

图 5-16　黄河源 1960 ～ 2014 年间汛期径流变化趋势

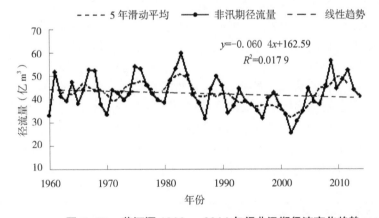

图 5-17　黄河源 1960 ～ 2014 年间非汛期径流变化趋势

5.2.2.2　累计距平法

　　根据黄河源流域 1960 ～ 2014 年径流资料,做出其年径流量、汛期径流量、非汛期径流量累计距平曲线随时间的分布图,如图 5-18 所示。由图 5-18 可以看出,黄河源流域年径流量与汛期径流量累计距平曲线变化趋势十分相近。结合径流滑动平均的分析结果,同样得到汛期多年平均降水变化趋势与多年平均径流量变化趋势十分接近,即可间接说明黄河源区降水对径流的影响较大。从累计距平图中还可以看到，研究系列内，径流系列有一个比较明显的转折点发生在1990年附近，年径流量和汛期径流量主要经历了2个阶段，总体表现为1960～1998年呈现波动性显著增加，说明这一阶段丰水年份多于枯水年份；1998～2014年间呈现显著减少趋势，且此时间段径流量变化幅度较大，说明在这期间，枯水年份要多于丰水年份。对于非汛期累计距平来说分为两个阶段，1984年之前呈现缓慢增加趋势，1984～1990年基本保持在稳定的范围之内，在1990年以后非汛期累计距平出现逐渐下降趋势，但变化幅度明显小于年径流量和汛期径流量。

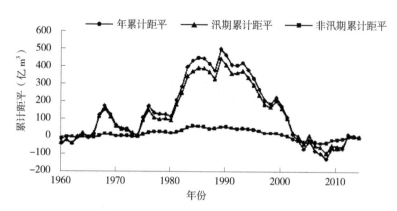

图5-18 黄河源流域年径流量、汛期径流量、非汛期径流量累计距平曲线

5.2.2.3 丰枯年份分布分析

结合表5-3并根据径流深距平百分率划分出丰水期、偏丰、平水期、偏枯和枯水期5个等级，得出唐乃亥站从1960～2014年期间丰枯年份分布图，如图5-19（a）所示，由此可以看出唐乃亥控制站在研究系列当中，共有11个丰水年、12个枯水年、6个偏丰年、10个偏枯年、16个平水年。

如图5-19（b）可以看到玛曲站从1960～2014年期间，共14个丰水年、11个枯水年、2个偏丰年、9个偏枯年、19个平水年。从以上丰枯年分布来看，研究年系列内，唐乃亥站与玛曲站出现了相似的丰枯年份分布图，即可说明黄河源流域内，平水年所占比例最大，20世纪90年代以前丰水年所占比例较大，枯水年大多分布在20世纪90年代以后。在2010年附近该趋势开始逆转，即开始有了增加的趋势。

表5-3 径流丰枯划分等级

径流深距平百分率 P（%）	等级
$P > 20$	丰水期
$10 < P \leqslant 20$	偏丰
$-10 < P \leqslant 10$	平水期
$-20 < P \leqslant -10$	偏枯
$P < -20$	枯水期

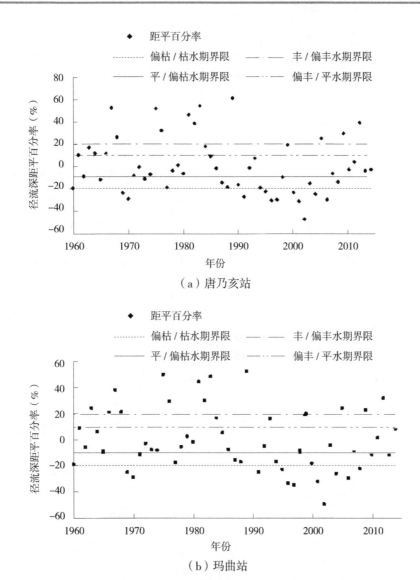

图 5-19　黄河源流域丰枯年份分布图

5.2.3　径流序列自演化特征

5.2.3.1　小波分析

小波分析是自 1986 年以来由 Meyer.Y，Mallat.S 及 Daubechies.I 等的奠基工作而迅速发展起来的一门学科，它是 Fourier 分析划时代的发展结果。从 1993 年 Kumar.P 和 Foufoula- Gegious 将小波变换介绍到水文学中以来，小波变换在水科学中已取得了一定的研究成果，主要表现在水文多时间尺度分析方面等。本文采用小波函数分析径流演化的长期变化周期特征。以下为黄河上游吉迈站、唐乃亥站、贵德站以及兰州站的小波函数方差、小波系数及周期图，如图 5-20 ~ 图 5-22 所示。

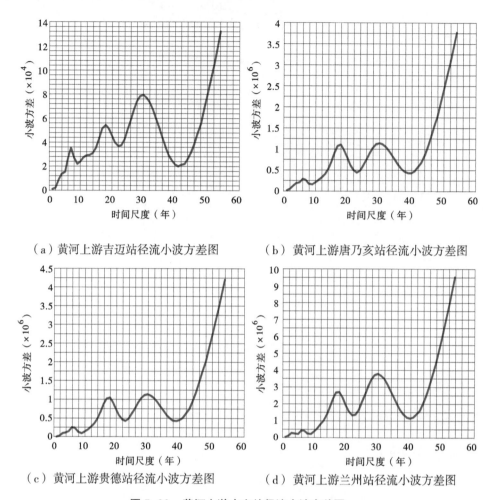

（a）黄河上游吉迈站径流小波方差图　　　（b）黄河上游唐乃亥站径流小波方差图

（c）黄河上游贵德站径流小波方差图　　　（d）黄河上游兰州站径流小波方差图

图 5-20　黄河上游水文站径流小波方差图

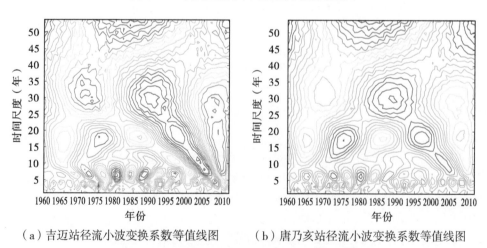

（a）吉迈站径流小波变换系数等值线图　　　（b）唐乃亥站径流小波变换系数等值线图

图 5-21　黄河上游水文站径流小波变换系数等值线图

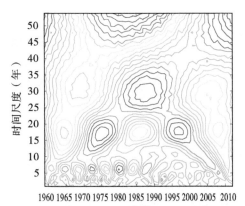

（c）贵德站径流小波变换系数等值线图　　　（d）兰州站径流小波变换系数等值线图

续图 5-21

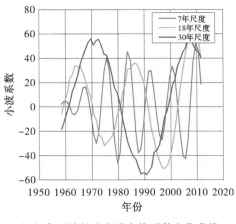

（a）吉迈站径流小波变换系数变化曲线

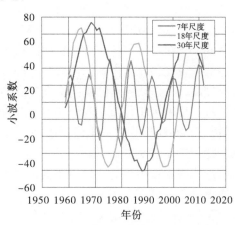

（b）唐乃亥站径流小波变换系数变化曲线

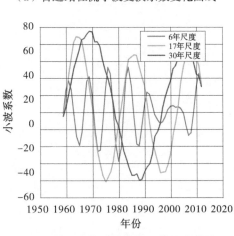

（c）贵德站径流小波变换系数变化曲线

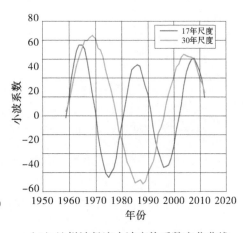

（d）兰州站径流小波变换系数变化曲线

图 5-22　黄河上游水文站径流小波变换系数变化曲线

在小波分析图中，黄河上游吉迈站、唐乃亥站径流序列存在 6 年、17 年、30 年左右准周期，贵德站径流序列存在 7 年、18 年、30 年左右准周期，兰州站仅存在较为显著的 17 年和 30 年左右准周期。从各水文站径流序列的小波系数图可以看到，在长期变化过程中，较大周期变化较为一致。水文序列长期变化特征差异不大。兰州水文站径流序列小周期不显著，这与区间降水产流特征和人类活动取用水影响有关。

5.2.3.2　经验模态分解（EMD）

黄河上游存在水源补给特征，同时各水源补给过程不同，长期的气候变化影响，不同水源地的径流变化与气候要素变化存在时序和空间上的差异性。表现在气候变化中即气温、降水对于径流的影响存在累计效应。针对黄河上游主要水文站的径流序列经验模态函数进行分解，可以将水文序列依据时频规律分解，得到不同时间尺度上径流对于气候变化及人类活动的响应变化规律。以下为主要水文站点径流序列的经验模态分解过程，如图 5-23 所示。

从黄河上游年径流量系列的 EMD 分解结果可以看出，径流量序列内在演化包含 6 个本征模态函数（IMF1 ~ IMF5）和趋势项（Res）。各分量代表不同时间尺度的演化过程，有不同的变化频率，变化频率在长期的演化过程中有所改变。

趋势项说明径流量序列已经较长时间处于缓慢下降的过程中。IMF1 ~ IMF3 分量变化频率较高，可以认为是随机因素长期影响的结果。IMF4 ~ IMF6 具有较大时间尺度的变化过程，反映了年径流量与影响其长期演化的主要因子之间的响应关系。从长期变化过程看，自 2000 年左右，年径流序列各分量的振动频率和振幅均出现明显减弱现象，主要变化周期呈现衰减态势。各站径流的 IMF6 分量区别较大，分析认为，径流序列变化与其影响因素作用相对应，由于黄河流域各区间水资源开发利用强度的提高、流域水资源需求量逐年增加、产汇流下垫面条件改变以及近几十年的气候变化等因素的影响，已经使年径流序列的演化模式发生改变。

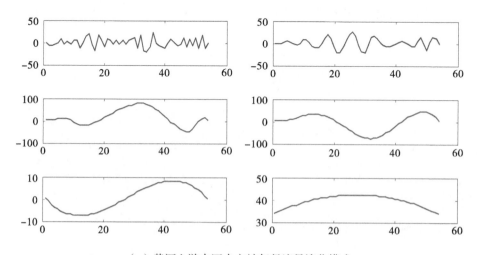

（a）黄河上游吉迈水文站年径流量演化模式

图 5-23　黄河上游水文站年径流量演化模式

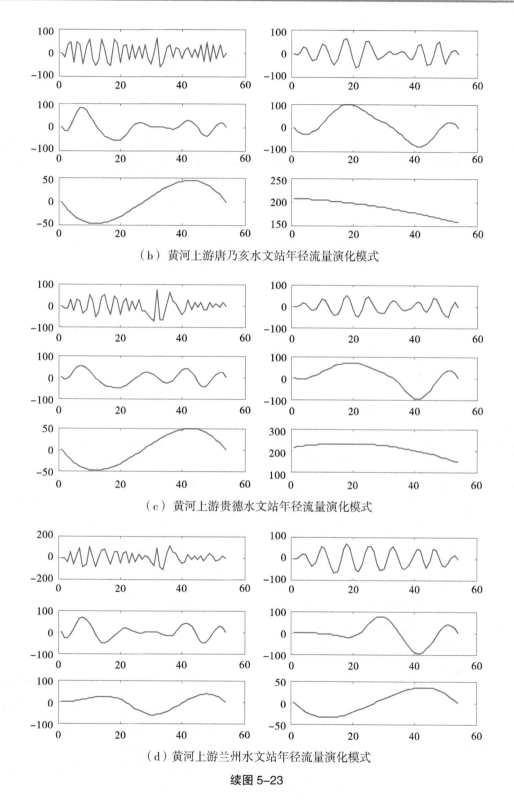

（b）黄河上游唐乃亥水文站年径流量演化模式

（c）黄河上游贵德水文站年径流量演化模式

（d）黄河上游兰州水文站年径流量演化模式

续图 5-23

5.3　基于*IHA*指标的径流变化分析

5.3.1　*IHA* 指标计算分析

以唐乃亥站径流变化为研究对象，分析黄河源水文情势变化的特征。由前面可知黄河源两个控制站均在 1990 年发生突变，由突变前的波动增加趋势而后转变成显著减少趋势，在 2006 年之后又开始回升。所以，分别计算了唐乃亥水文站 25 个 *IHA* 指标参数在 1960 ~ 1990 年、1991 ~ 2005 年和 2006 ~ 2014 年三个时段内的平均值，并分析了后两个时段 25 个参数相对于第一个时段的变化，结果如表 5-4 所示。由表 5-4 可以看出，从 1991 ~ 2005 年，唐乃亥站每个月径流量都明显减少，反映出黄河源地区整体变干趋势，在 25 个指标中共有 20 个指标的变化超过了 15%，9 个指标的变化超过了 20%，变化比较显著。与 1961 ~ 1990 年时段相比，在 1991 ~ 2005 年时段内，2 月平均径流减少 17.9%，7 月减少 24.5%，9 月减少 34.9%，12 月减少 18.6%，这表明黄河源地区汛期径流在 1991 ~ 2005 年显著减少，与图 5-5 黄河源区汛期径流变化趋势一致。另一方面，唐乃亥的最大流量指标有了非常显著的减少，如 1 日最大流量减少了 36.3%，3 日最大流量减少了 31.9%，7 日最大流量减少了 32.4%，30 日最大流量减少了 28.3%，90 日最大流量减少了 23.9%，这说明唐乃亥的高通流量有了明显的减少，流量过程变得更加平稳。与此同时，最小流量指标有了相对小幅度的减少，大约为 18%。

表 5-4　唐乃亥 *IHA* 指标变化

IHA 指标	1960 ~ 1990 年	1991 ~ 2005 年（%）	2006 ~ 2014 年（%）
1 月平均流量（m³/s）	177.9	−20.7	11.1
2 月平均流量（m³/s）	173.8	−17.9	13
3 月平均流量（m³/s）	229.4	−17	10.9
4 月平均流量（m³/s）	369.6	−10	−2
5 月平均流量（m³/s）	611.2	−15.5	−18.7
6 月平均流量（m³/s）	926.7	−12.4	1.7
7 月平均流量（m³/s）	1 411.6	−24.5	6.9
8 月平均流量（m³/s）	1 141.2	−14.9	1.9
9 月平均流量（m³/s）	1 394.5	−34.9	−25.9
10 月平均流量（m³/s）	1 089.7	−26.6	−17.5
11 月平均流量（m³/s）	516.2	−21.4	−5.8
12 月平均流量（m³/s）	241	−18.6	4.9

续表 5-4

IHA 指标	1960 ~ 1990 年	1991 ~ 2005 年（％）	2006 ~ 2014 年（％）
1 日最小流量（m³/s）	146.2	−18.3	−5.4
3 日最小流量（m³/s）	151.6	−19	−3.4
7 日最小流量（m³/s）	155.5	−19.2	−1.3
30 日最小流量（m³/s）	165.7	−18.8	4.9
90 日最小流量（m³/s）	194	−18.4	11.6
1 日最大流量（m³/s）	2 576.1	−32	−11.3
3 日最大流量（m³/s）	2 514.7	−31.9	−10.9
7 日最大流量（m³/s）	2 389.2	−32.4	−10.2
30 日最大流量（m³/s）	1 871.9	−28.3	−5.3
90 日最大流量（m³/s）	1 403.8	−23.9	−6.3
基流指数	0.231	3.6	4.2
年最大流量出现日期	221.4	−1.8	−4.9
年最小流量出现日期	29.4	18.4	5.4

注：表中第三列 1991 ~ 2005 年数据结果和第四列 2006 ~ 2014 年数据结果均是较 1960 ~ 1990 年的变化百分比。

　　2006 ~ 2014 年，黄河源地区的径流发生了明显的变化，其中 1 ~ 3 月、6 ~ 8 月及 12 月的月径流量超过了 1990 年前的平均水平，而其他月份低于 1990 年前的平均水平；最小流量指标较 1991 ~ 2005 年有所回升，尤其 30 日最小流量与 90 日最小流量较 1990 年以前有了明显的增加；较 1990 年以前相比最大流量均有不同程度的减少，其中 1 日最大流量、3 日最大流量、7 日最大流量减少 10% 以上，这表明在 2005 年以后，河道流量过程更加平稳。由指标分析可以看到，就近 20 年来看流域径流有减少的趋势，呈现一种变干的趋势，近 10 年来流域有所好转，流域径流开始有所恢复，有了增加的趋势，流域呈现由干变湿的状态。

　　变异性范围法主要用 12 个月平均流量指标对河流生态流量进行分析研究。该方法将建立在分析 IHA 指标体系中 12 个月平均流量指标的基础上，以各月平均流量相应频率的 75% 和 25% 的数值作为各个指标参数的上下限，估算研究区生态流量。

　　生态流量值是维护河流生态系统所应保持的最低保证要求流量，为维持河流健康生态系统提供支持。由图 5-24 我们看到研究区（唐乃亥控制站）正常水文特征值（均值）的可变化范围没有超过天然可变范围，研究系列内生态流量能够维持河流正常健康的生态系统。各月生态流量均小于 RVA 下限，且变化幅度小于河流流量的自然变化。

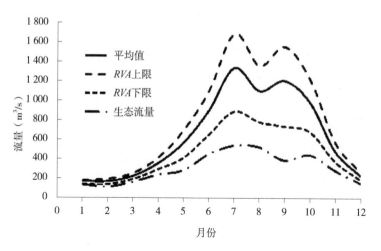

图 5-24   唐乃亥生态流量

5.3.2   结合退水情况分析

　　根据黄河源区唐乃亥站 1960 ～ 2014 年水文资料做出最大月径流量与最小月径流量比值图，如图 5-25 所示。由图 5-25 所知，最大月径流与最小月径流比值确实呈现出下降的趋势，由此可见源区多年冻土发生了退化，流域对径流调蓄作用增加。此外，定义流域退水系数 RC 等于 1 月径流量与上年 12 月径流量的比值，如果流域冻土退化，则地下蓄水库库容将增加，径流退水过程将减缓，退水系数应该表现增加趋势。

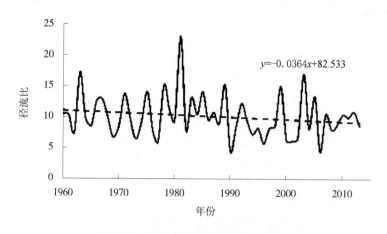

图 5-25   最大月径流与最小月径流比值

　　根据黄河源区唐乃亥站 1960 ～ 2014 年水文资料做出退水系数变化图，如图 5-26 所示。由图 5-26 可知，唐乃亥控制站退水系数呈现不显著的增加趋势，尤其在 2005 年以后，增加趋势明显，由此说明黄河源区冻土退化使下垫面对径流的调蓄作用加强了，这一结论与上述指标法分析结论达成一致。

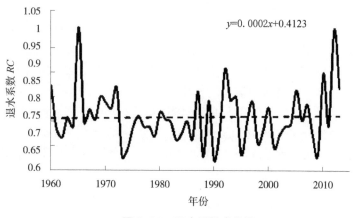

$$y=0.0002x+0.4123$$

图 5-26　退水系数变化图

5.4　本章小结

本章根据黄河上游各气象站 1960 ~ 2014 年气温、降水资料，得出源区的平均状况，从而进行研究分析。根据黄河上游水文站 1960 ~ 2014 年径流资料，对年内径流、年际径流和径流序列自演化特征进行分析。最后基于 IHA 指标分析了黄河上游 1960 ~ 2014 年的径流变化特征。

（1）通过对气温因子变化分析，可知在研究系列内黄河上游年平均气温整体呈现显著的增加趋势；年平均气温在 20 世纪 90 年代末发生了转折，年平均最高气温分别在 90 年代末发生突变，年平均最低气温在 1986 年发生转折。黄河上游流域降水年内分配差异较大，5 ~ 10 月汛期降水量占年降水量的 90.9%，而 11 月至翌年 2 月降水量仅占 3.1%。黄河上游流域降水季节分配也极不平衡，夏季降水量占全年降水量的 58.1%，冬季降水只占 2.2%。由降水年际变化分析可知，黄河上游非汛期降水量呈现增加趋势，汛期降水量变化相对平稳，但是在 80 年代末到 21 世纪初也呈现出了减少的趋势。

（2）由黄河上游年内径流分布可知，多年平均最大月径流发生在 7 月，径流量为 34.56 亿 m³，占全年径流量的 17.29%；由年内季节分配可知，夏季的径流量比例最大为 43.18%，冬季的径流量仅占全年的 7.40%。多年平均不均匀系数比较大，集中度比较高，说明黄河源区径流分配有明显的丰枯季节变化。由黄河上游年际的径流变化分析可知，其径流量整体呈现减少的趋势。从黄河上游各水文站径流序列的小波系数图可以看到，在长期变化过程中，较大周期变化较为一致。水文序列长期变化特征差异不大。

（3）通过 IHA 指标的计算情况分析，可以看出基于 1990 年以前，黄河源在后两个研究时段内其径流发生了较大的变化，在 1991 ~ 2005 年期间，黄河源地区整体有变干的趋势，唐乃亥的最大流量指标有了非常显著的减少，最小流量也有相对较小程度的减少。在与第一个时间段相比，25 个指标中共有 20 个指标的变化超过了 15%。最大流量指标有了明显的减少，高通流量明显减少。第二个研究时段 2006 ~ 2014 年期间，较

1991～2005 年最小流量指标明显回升，最大流量均有不同程度的减少，其中 1 日最大流量、3 日最大流量、7 日最大流量减少 10% 以上，这表明在 2005 年以后，河道流量过程更加平稳。说明天然情况下，流域对径流的调蓄作用增强。通过唐乃亥控制站最大月径流与最小月径流的比值表现出减小趋势，以及流域退水系数 RC 的增加，表明了源区内多年冻土发生了退化，流域对径流调蓄作用增强。

（4）结合指标变化分析，我们看到黄河源区就近 20 年来有变干的趋势，但就近 10 年来流域有变湿的趋势。结合黄河上游的气温、降水的年内年际分析，我们看到降水呈现不显著的增加趋势，气温呈现显著的增加趋势，从显著性水平上来看，该地区降水对径流的影响较小，气温对径流的影响较大。

第 6 章　黄河上游水库
对河道水动力特征的影响分析

本章重点介绍黄河龙羊峡上游茨哈峡至龙羊峡梯级电站群中羊曲水电站建设前后河道水动力特征的变化情况，通过模拟结果为其他水系统模型提供基础依据。

6.1　建库前河道水动力特征情况

6.1.1　模型构建

羊曲天然河道水动力模型的边界条件需要考虑水动力边界，包括上游来水、下游出水、支流的汇入以及降雨、蒸发对于区域水体的影响。

羊曲天然河道模型地形数据主要根据实测资料确定。模型平面采用四边形网格，网格长边为 100 m 左右，窄边自动适应河道宽窄，长度从 8 m 到 20 m 不等。模型垂向网格同样采用四边形网格，垂向划分 30 个网格，网格高度随地形自适应变化。三维模型总网格单元数 108 120 个。图 6-1 为班多—羊曲段天然河道模型网格及水下图。

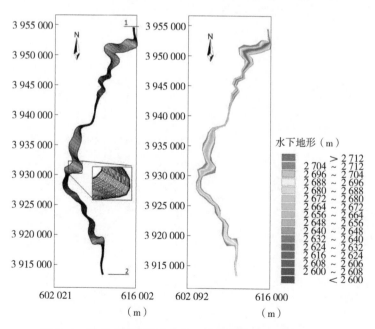

图 6-1　羊曲水库网格（左）、建库前水下地形（右）
（1 为下游羊曲水电站坝址，2 为上游库尾回水点）

6.1.2 建库前河道水文特性分析

模型计算得到的羊曲水库修建前水位、流速分布图，如图 6-2、图 6-3 所示。

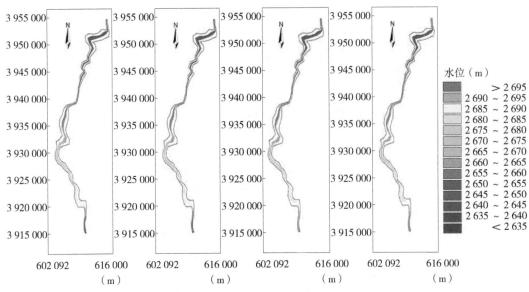

图 6-2 羊曲水库建库前（即天然河道条件下）水位分布图
（从左往右依次为 7 月、10 月、1 月、4 月）

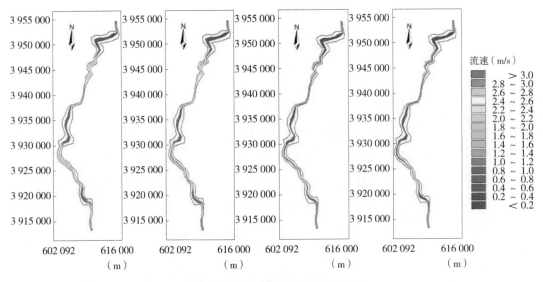

图 6-3 羊曲水库建库前流速分布图
（从左往右依次为 7 月、10 月、1 月、4 月）

由图 6-2 可知，羊曲天然河道状态下，水位基本维持在 2 695 ~ 3 635 m。9 月中旬至 10 月上旬的汛期期间，库尾受上游来流影响水位有所壅高，但是幅度不大。非汛期流量不大的情况下，水面保持平稳。

由图 6-3 可知，在天然河道中，水流流动速度较快。在非枯水期期间，流速从 3.0 ~ 0.5 m/s 的范围内随过流断面宽窄变化。在枯水期期间，由于来流减小，水库流速明显变缓，库区整体保持在 0.5 m/s 以上。

6.2　建库后河道水动力特征变化情况

班多—羊曲段库区位于海南藏族自治州，青海湖以南约 100 km，羊曲水电站在建坝址位于青海省兴海县羊曲乡下游约 3 km 的峡谷段，为高原峡谷河道型水库。库区下游出口为羊曲水电站（东经 100°16'4.00"，北纬 35°42'42.00"），库区回水水位延伸至上游约 50 km 处（东经 100°12'26.12"，北纬 35°20'39.90"）。正常蓄水位 2 715 m，死水位 2 713 m。水库正常库容 14.9 亿 m³，死库容 13.8 亿 m³，具有日调节功能。

羊曲水库以发电为主要目的，调节能力为日调节，不具备调节功能，在水库水位为 2 715 m 条件下运行，上游来流基本通过发电系统进入下游。水电站引水发电系统采用坝后式厂房布置形式，进水口底板高程 2 675.00 m，压力钢管采用单机单管坝内埋管，共四条，管径为 8 m。

由于黄河干流来流受季节性影响较大，目标时间段内水库来流流量在 2 232 m³/s 到 160 m³/s 的较大范围内波动，库水位受来流影响，丰水期 9 月中旬至 10 月上旬时间段内水库出现最大蓄水位 2 715.4 m，比正常蓄水位高 0.4 m；入冬枯水期时间段内，水库出现最低蓄水位 2 714.7 m，比正常蓄水位低 0.3 m。库水位围绕 2 715 m 正常蓄水位波动。保持在水库坝顶高程 2 720 m 以及死水位 2 713 m 之间，与实际情况相吻合。模型能较好地描述建库前库区水动力变化情况。

羊曲建库后羊曲库区水动力边界相比羊曲天然河道水动力边界保持不变。模型水动力边界条件需要考虑水动力边界，包括上游来水、下游出水、支流的汇入以及降雨、蒸发对于区域水体的影响。

选取有实测数据的 2014 年 5 月至 2015 年 5 月为计算时段。羊曲天然河道上游为班多水电站来水段，除上游班多水电站下泄的流量外，在班多坝址至羊曲坝址间，存在支流巴沟河、曲什安河、大河坝河，多年平均流量分别为 9.1 m³/s、25.3 m³/s、12.2 m³/s。

结合唐乃亥水文站的实测数据与上游支流汇流实测数据，相减得到上游入流流量，模型入流边界采用流量开边界流入的方式设置。羊曲水库为日调节水库，下游边界采用流量边界，下游出流与上游来流相等。其他各支流的入流采用点源模拟，并将流量随时间平均分配。

由图 6-4 可知，受羊曲水电站调度影响，库区水面高程变化基本维持在 0.3 m 变幅之间。9 月中旬至 10 月上旬的汛期期间，库尾受上游来流影响水位有所壅高，但是幅度不大。非汛期流量不大的情况下，水面基本保持平稳。

由图 6-5 可知，受羊曲水电站调度影响，库区流速相比建库前天然河道明显变缓。9 月中旬至 10 月上旬的汛期期间，库尾及水库中游狭长河谷地带流速稍显增加，但是库区整体变化不大，坝前流速基本维持在 0.05 m/s 以下。

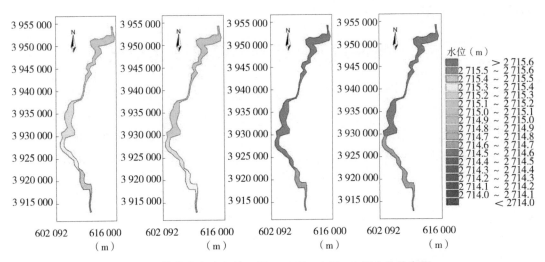

图 6-4　羊曲水库建库后 7 月、10 月、1 月、4 月水位分布图

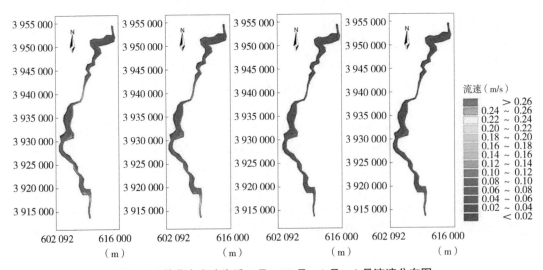

图 6-5　羊曲水库建库后 7 月、10 月、1 月、4 月流速分布图

6.3 本章小结

本章分别搭建了黄河上游茨哈峡至龙羊峡梯级水库现状水动力模型和羊曲电站建库后水动力模型，并根据库区实测水位和库容曲线率定模型参数，得到以下结论：

羊曲天然河道状态下，羊曲水电站坝址处水位在 2 635 m 周围内波动。9 月中旬至 10 月上旬的汛期期间，库尾受上游来流影响水位有所壅高，但是幅度不大。非汛期流量不大的情况下，水面保持稳定。在天然河道中，水流流动速度较快。在非枯水期期间，流速随过流断面宽窄变化，在 3.0 ~ 0.5 m/s 的范围内变动。在枯水期期间，由于来流减小，流速明显变缓，整体保持在 0.5 m/s 以上。

羊曲水电站建库后正常蓄水库容为 14.71 亿 m^3，受水电站日调节调度规则影响，库区水面高程变化基本维持在蓄水位 2 715 m 周围波动。9 月中旬至 10 月上旬的汛期期间，库尾受上游来流影响水位有所壅高。非汛期流量不大的情况下，水面基本保持不变。9 月中旬至 10 月上旬的汛期期间，库尾及水库中游狭长河谷地带流速稍显增加，但坝前流速基本维持在 0.05 m/s 以下。

受羊曲水电站蓄水影响，建库后库区水位明显抬升，坝前水位由原有的 2 635 m 抬升至 2 715 m。受过水断面增大的影响，库区流速相比建库前天然河道明显变缓，流速场从建库前的 0.5 m/s 以上，下降至 0.05 m/s 以下。

羊曲水库建库后，作为日调节水库，在蓄水位不变的条件下，下泄水量与来水水量条件一致，龙羊峡水动力情况基本不变，仍保持羊曲建库前的水动力特性。

第7章　黄河上游河道水环境数值模拟

7.1　羊曲水库兴建前后水温结构变化分析

7.1.1　现状条件下水温模型

7.1.1.1　龙羊峡库区水温模型

计算时段与水动力模型计算时段一致，选取 2014 年 6 月至 2015 年 6 月。上、下游边界流量、水温过程采用线性内插方法给出。

各月计算结果选取典型时刻水温值，选用纵向沿程中心线剖面来给出库区沿程垂向水温分布图。图 7-1 ~ 图 7-12 为 2014 年 6 月至 2015 年 5 月各月龙羊峡水库垂向水温结构分布情况。从这一系列图中可以看出，龙羊峡在 4 ~ 9 月水库库区水温成稳定分层的状态。4 月之后，随着气温和光照的影响，水库表面水体温度不断升高。30 m 处及以下水温随水深变化较小，为滞温层。此阶段水库水温出现明显分层的原因是水库表层温度较高，密度较小，难以与下层密度较大的冷水层产生水体交换，水体受到的太阳辐射的影响随着深度增加迅速减小。因此，表层温度高，底层温度低，产生了较为明显的分层结果。而在 10 月至翌年 3 月期间，水库水温呈现垂直分布，近乎等温分布的状态，这是由于该时段内，水库表层水体受到气温降低的影响，密度增大，与下层温度较高、密度较小的暖水产生对流运动。因此，表层较低水温的水体可以不断与下层水体交换，使得整个水库的水温趋向于均匀。

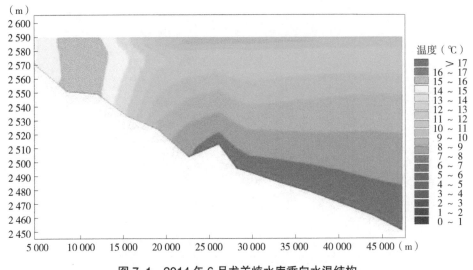

图 7-1　2014 年 6 月龙羊峡水库垂向水温结构

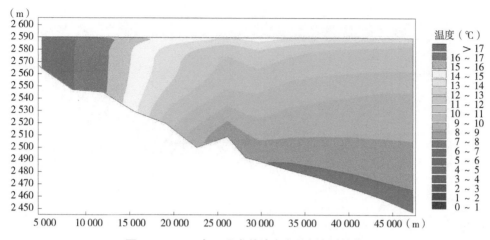

图 7-2 2014 年 7 月龙羊峡水库垂向水温结构

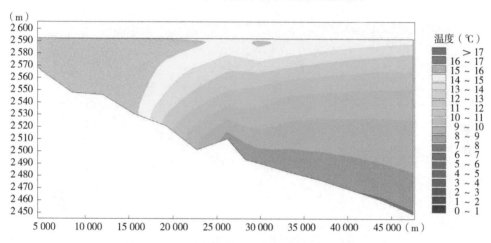

图 7-3 2014 年 8 月龙羊峡水库垂向水温结构

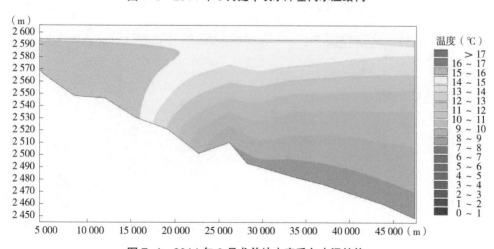

图 7-4 2014 年 9 月龙羊峡水库垂向水温结构

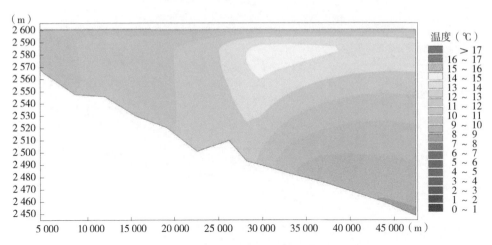

图 7-5　2014 年 10 月龙羊峡水库垂向水温结构

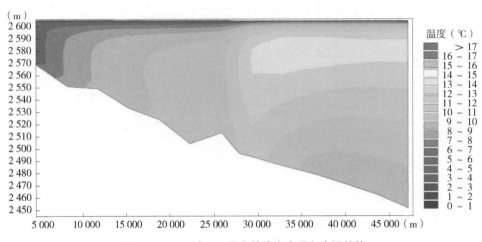

图 7-6　2014 年 11 月龙羊峡水库垂向水温结构

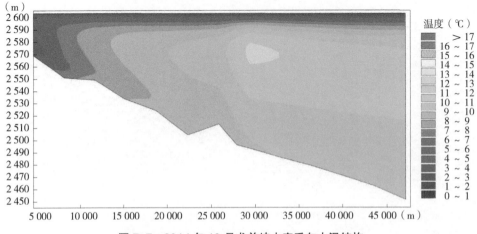

图 7-7　2014 年 12 月龙羊峡水库垂向水温结构

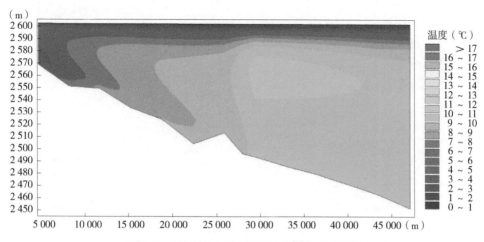

图 7-8　2015 年 1 月龙羊峡水库垂向水温结构

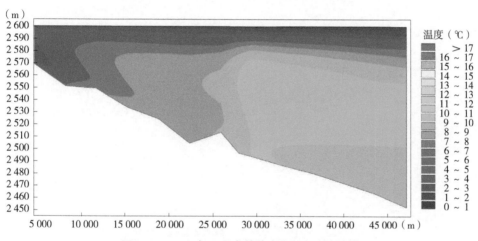

图 7-9　2015 年 2 月龙羊峡水库垂向水温结构

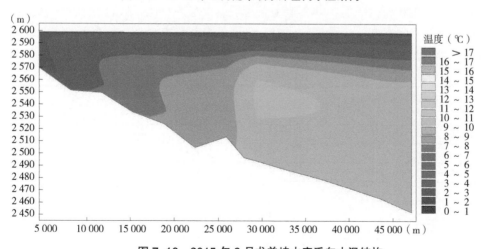

图 7-10　2015 年 3 月龙羊峡水库垂向水温结构

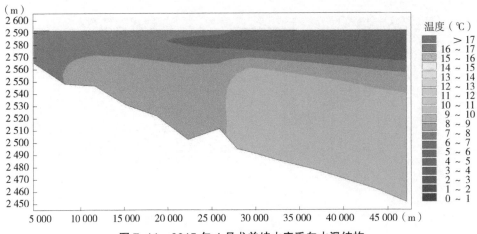

图 7-11　2015 年 4 月龙羊峡水库垂向水温结构

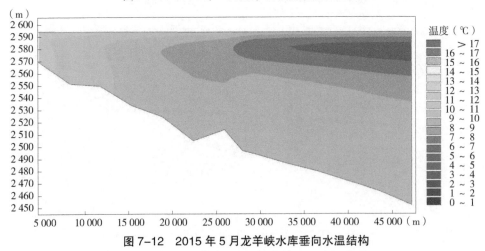

图 7-12　2015 年 5 月龙羊峡水库垂向水温结构

表 7-1 为现状条件下龙羊峡下泄水温与坝前水温的对比，从表中结果可知，坝前平均水温与下泄水温存在一定程度的温差，符合冬季下泄水温高、夏季下泄水温低的一般性水库下泄水温规律。

表 7-1　现状条件龙羊峡下泄水温与坝前水温对比　　　　（单位：℃）

月份	羊曲建库前坝前水温	建成前 2014 ~ 2015 年	
		下泄水温	温差
1 月	4.4	8.9	4.5
2 月	5.4	7.9	2.5
3 月	7.2	7.3	0.1
4 月	9.4	6.9	−2.5
5 月	11.2	6.8	−4.4
6 月	12.8	6.7	−6.1
7 月	13.8	8.1	−5.7

续表 7-1

月份	羊曲建库前坝前水温	建成前 2014 ~ 2015 年	
		下泄水温	温差
8 月	13.4	9.3	-4.1
9 月	12.4	10.3	-2.1
10 月	10.5	10.8	0.3
11 月	7.3	10.7	3.4
12 月	5.0	9.9	4.9

7.1.1.2　羊曲天然河道水温分布形态特征分析

羊曲水库建库前所处区域为天然河道，坝址处位于龙羊峡水库回水点上游，河流天然下泄。具有流速快，季节性变化大等特点，水温主要受上游来流控制。羊曲水电站河段在天然河道状态下，由于河道坡降较大，水流湍急，水流掺混作用强烈，水体不存在温度分层结构，水体表面与水体底部温度基本相同。7 ~ 10 月期间，河道流量较大，水力停留时间较短，上下游水温基本保持一致。4 月，由于上游来水水温波动，且流速较缓，河道水力停留时间较长，河道沿程出现不同水温分布，见表 7-2 所示。

表 7-2　羊曲天然河道坝址与规划坝址水温对比　　　　（单位：℃）

月份	天然河道坝址处水温	规划坝址处水温	温度变化（负值降温，正值升温）
6 月	14.0	14.0	0
7 月	16.4	16.0	-0.4
8 月	15.3	15.0	-0.3
9 月	13.3	13.2	-0.1
10 月	8.9	9.0	0.1
11 月	3.2	3.6	0.4
12 月	0.1	0	-0.1
翌年 1 月	0	0	0
翌年 2 月	0.1	0	-0.1
翌年 3 月	2.6	1.1	-1.5
翌年 4 月	7.2	6.6	-0.6
翌年 5 月	11.1	10.8	-0.3

由天然河道坝址处水温与规划坝址处水温温度演变趋势可得，天然河道状态下基本保持为夏季升温、冬季降温，下泄水温基本与来水水温相同，符合天然河道水温分布规律，3 月由于冰封期融雪现象，来水水温与坝址处水温相比较高。

7.1.2　羊曲建库后水温分布模型

各月计算结果采取具有代表性的典型时刻水温分布，选用纵向沿程中心线剖面来给出库区沿程垂向水温分布图。比较龙羊峡在 2014 ~ 2015 年条件下，羊曲建库前后模型来水水温变化以及羊曲建库前后龙羊峡下泄水温的变化情况。图 7-13 ~ 图 7-24 为 2014 年 6 月至 2015 年 5 月羊曲建库后龙羊峡水库各月垂向水温结构分布情况。从这一系列分布图可以看出，龙羊峡在 4 ~ 9 月水库库区水温成稳定分层的状态。4 月之后，随着气温和光照的影响，水库表面水体温度不断升高。30 m 处及以下水温随水深变化较小，为滞温层。此阶段水库水温出现明显分层的原因是水库表层温度较高，密度较小，难以与下层密度较大的冷水层产生水体交换，水体受到的太阳辐射的影响随着深度增加迅速减小。因此，表层温度高，底层温度低，产生了较为明显的分层结果。而在 10 月至次年 3 月期间，水库水温呈现垂直分布，近乎等温分布的状态，这是由于该时段内，水库表层水体受到气温降低的影响，密度增大，与下层温度较高，密度较小的暖水层产生对流运动。因此，表层较低水温的水体可以不断与下层水体交换，使得整个水库的水温趋向于均匀混合。

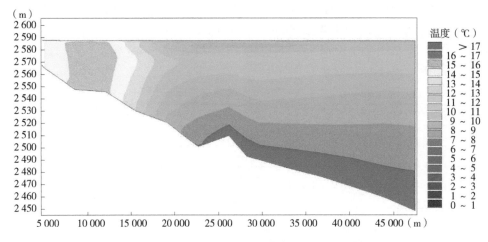

图 7-13　2014 年 6 月龙羊峡水库垂向水温结构

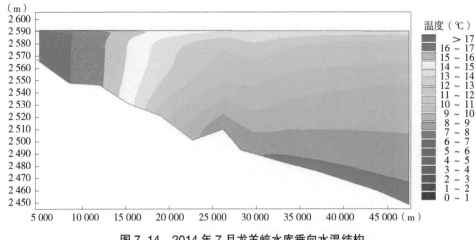

图 7-14　2014 年 7 月龙羊峡水库垂向水温结构

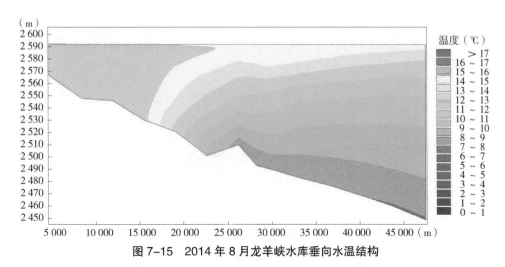

图 7-15　2014 年 8 月龙羊峡水库垂向水温结构

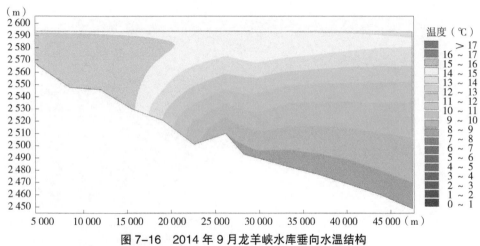

图 7-16　2014 年 9 月龙羊峡水库垂向水温结构

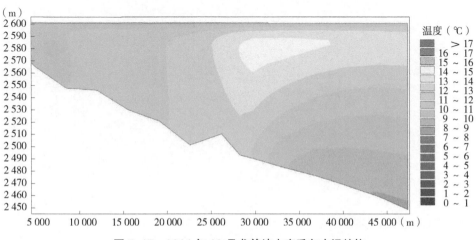

图 7-17　2014 年 10 月龙羊峡水库垂向水温结构

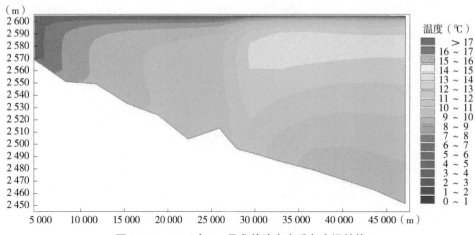

图 7-18　2014 年 11 月龙羊峡水库垂向水温结构

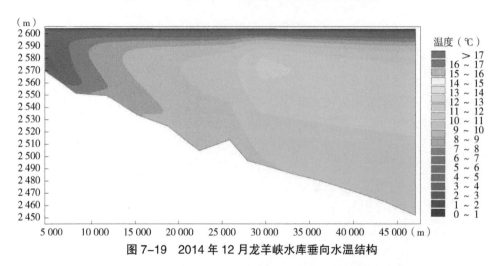

图 7-19　2014 年 12 月龙羊峡水库垂向水温结构

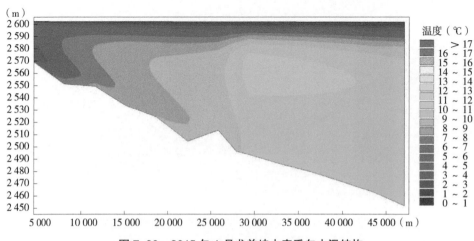

图 7-20　2015 年 1 月龙羊峡水库垂向水温结构

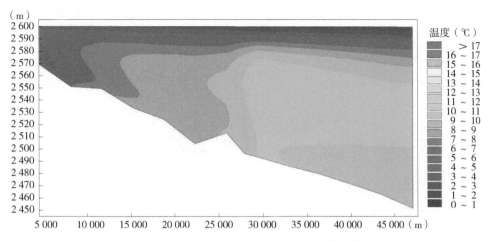

图 7-21　2015 年 2 月龙羊峡水库垂向水温结构

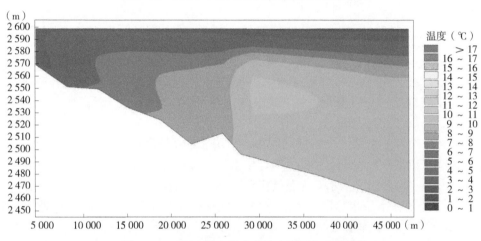

图 7-22　2015 年 3 月龙羊峡水库垂向水温结构

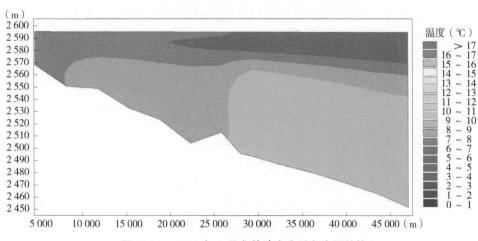

图 7-23　2015 年 4 月龙羊峡水库垂向水温结构

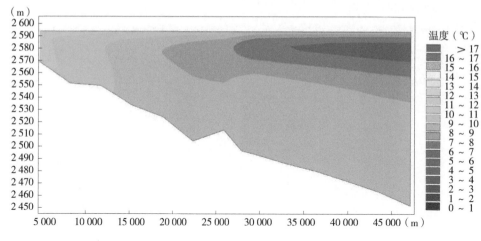

图 7-24　2015 年 5 月龙羊峡水库垂向水温结构

羊曲水电站建成后，水库设计总库容为 14.724 亿 m^3，库区多年平均年径流量为 197.1 亿 m^3，设计最大洪水流量为 5 170 m^3/s。根据库水交换系数公式 α 指标判别法，计算得 $\alpha=13.4$，介于 10 到 20 之间，接近 10，水库为过渡型水库，水温垂向分层现象根据来流情况会出现不同分层现象（对于某水库，当 $\alpha<10$ 时，为分层型；当 $10<\alpha<20$ 时，为过渡型；当 $\alpha>20$ 时为混合型）。

根据库水交换系数公式 β 指标判别法，采用 3 日设计洪量计算得 $\beta_3=0.9$，水温垂向分层现象受来流洪水影响（当 $\beta<0.5$ 时，洪水对水温结构无影响；当 $0.5<\beta<1.0$ 时，为过渡阶段；当 $\beta>1.0$ 时，洪水对水温结构有影响），见表 7-3 所示。

水库水温存在不稳定分层，分层现象受上游来水水量作用。库区多年平均流量为 618 m^3/s，多年平均水库水力停留时间约为 26 d，库区水温主要受上游来流及沿程气候条件控制。

表 7-3　羊曲水库水温结构判别表

多年平均年径流量（亿 m^3）	197.1
设计最大洪水流量（$P=1\%$，m^3/s）	5 170.0
正常蓄水位以下库容（亿 m^3）	14.7
α	13.4
β_3	0.9

由表 7-3 所示可知，羊曲水库为过渡型水库，温度分层现象介于稳定分层型水库和混合型水库之间。如图 7-25 所示，在水库垂直剖面表现为春秋季分层现象。夏季由于来流水量较大，水库混合效果较优，未出现明显水温分层现象。冬季由于来流水温与表层水温接近，无法形成分层。水库水温主要受来流温度及大气温度控制，水库坝前垂向分布呈现明显的季节性变化。受取水口取水影响，水温分层在 50 m 水深处出现小幅波动。

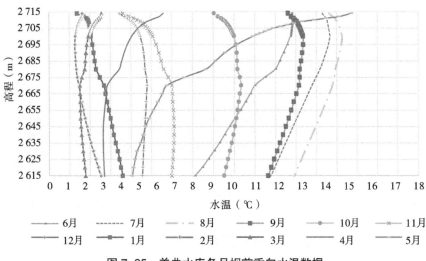

图7-25 羊曲水库各月坝前垂向水温数据

从12个月的水温分布过程（如图7-26～图7-29所示）来看，从6月开始，水温受大气气温以及上游来水水温的影响，逐渐升高，并在8月达到最高温度，随后随气温慢慢下降，并在2月达到最低温度。

水库水温分层类型为过渡型水温分层，易受来流水量及水温共同影响。由于夏季来水水量增大，混合效果增强，温跃层逐渐消失，水温均匀混合现象一直持续到11月。随着来水水量的进一步减少，水温在12月至翌年2月重新出现分层现象。在3月、4月，由于来水水温与水库滞水层水温相近，水温分层现象再次消失。但是随着气温的回升，来水水温与库区滞水层水温再次出现温差，水温分层现象再次出现，并在5月达到最大10℃的温差。

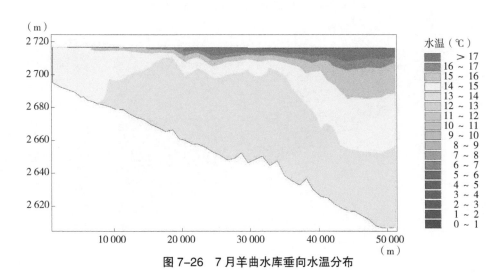

图7-26 7月羊曲水库垂向水温分布

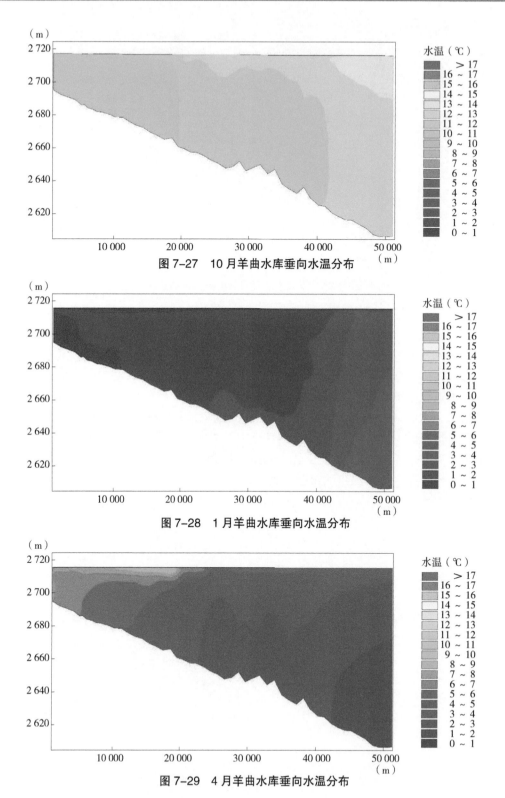

图 7-27　10 月羊曲水库垂向水温分布

图 7-28　1 月羊曲水库垂向水温分布

图 7-29　4 月羊曲水库垂向水温分布

在刚进入库区时，由于水深较浅，流速大，水体的掺混作用强，水温未出现分层。从坝前的温度分布可知，温度梯度大大抑制了热量和动量在垂向上的传递，使相邻两层水体间的速度带动作用大大削弱，速度梯度较大，表现出水库分层流动的特性。坝前表层水体速度很小，因此热量的积蓄作用明显而出现高温，常常高于未建水库时天然河道水温，而库底则未受扰动，热量难以向下传而使水温基本保持不变，温度分层与水流的变化是相辅相成的，详情见表 7-4。

表 7-4　羊曲水库坝址水温与下泄水温比较

月份	坝址水温（℃）	下泄水温（℃）	温度变化（℃）（负值降温，正值升温）
6 月	14.0	15.11	1.10
7 月	16.5	16.88	0.38
8 月	15.3	17.97	2.67
9 月	13.2	15.47	2.27
10 月	8.8	11.46	2.66
11 月	3.1	7.97	4.87
12 月	0.0	4.60	4.60
翌年 1 月	0.0	2.17	2.17
翌年 2 月	0.0	1.27	1.27
翌年 3 月	2.6	1.80	−0.80
翌年 4 月	7.2	3.74	−3.46
翌年 5 月	11.0	9.03	−1.97

由图 7-30 所示，温度演变趋势基本保持为夏季升温、冬季降温，取水口位置位于坝前 2 680 m 高程处，取水水深约 45 m，下泄水温相比来水水温存在一个月左右的相位差，与水库 26 d 的水力停留时间相吻合。对比分析坝址处来流水温与水库坝前水温可知，由于水库容量较大，水库在各月均出现不同程度的分层现象，水库来水温度与出水温度最大温降 −3.4℃，最大温升 4.8℃。

综上所述，羊曲在建库后从 5 月到 9 月，下泄水温相比天然河道仅存在 2℃左右的温差，下泄水流在龙羊峡库尾回水区有一定的恢复，因而对于龙羊峡水库的水温影响有限。在气温变化剧烈的 4 月、11 月、12 月，下泄水温相比天然河道存在 4℃左右的温差。

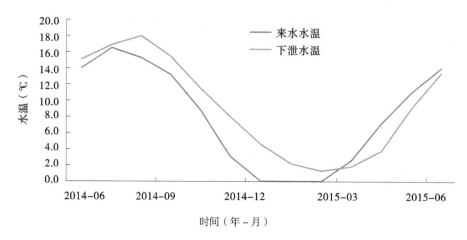

图 7-30　羊曲水库月均来水水温及下泄水温随时间变化图

7.2　典型水文年水温分布模型

　　羊曲建库后，龙羊峡坝前水温变化采用羊曲水库水温模型和羊曲建库后龙羊峡水库水温模型联合计算。结合现有数据情况，分平水年（P=50%）和枯水年（P=90%）两个工况预测羊曲建库后龙羊峡坝前水温变化及下泄水温变化。根据唐乃亥水文站现有资料条件，并考虑年内分配特点，选取经验频率50%和90%两个典型年，并用年际水量对典型年年际水量进行修正，得到唐乃亥水文站平水年和枯水年逐日流量过程。图7-31为计算采用的平水年和枯水年的流量条件。羊曲建库后枯水年水温结构如图7-32～图7-43。

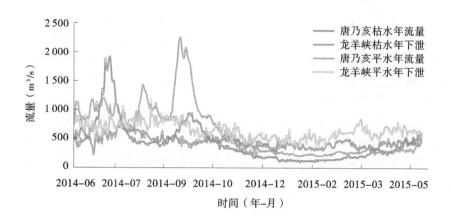

图 7-31　羊曲建成后龙羊峡枯水年和平水年流量

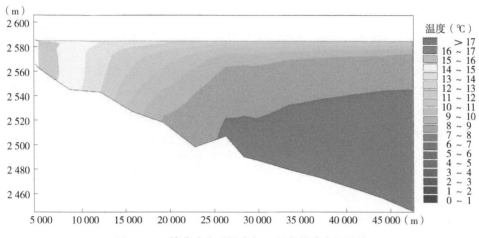

图 7-32　羊曲建库后枯水年 6 月龙羊峡水温结构

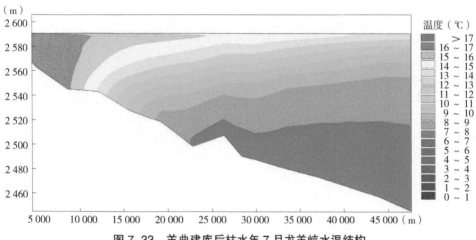

图 7-33　羊曲建库后枯水年 7 月龙羊峡水温结构

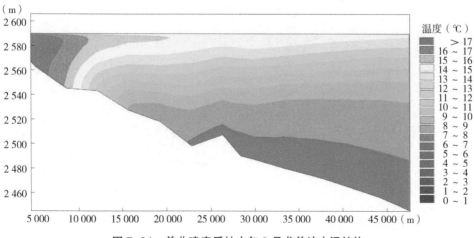

图 7-34　羊曲建库后枯水年 8 月龙羊峡水温结构

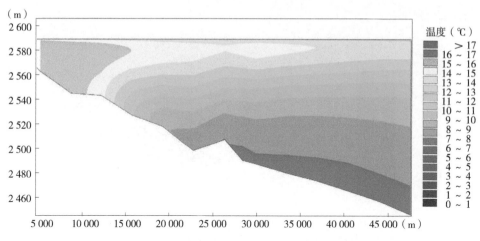

图 7-35　羊曲建库后枯水年 9 月龙羊峡水温结构

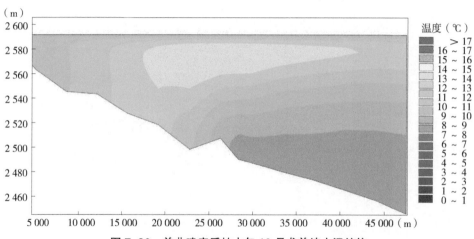

图 7-36　羊曲建库后枯水年 10 月龙羊峡水温结构

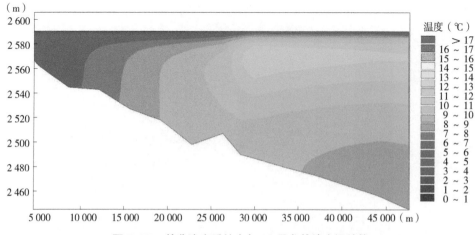

图 7-37　羊曲建库后枯水年 11 月龙羊峡水温结构

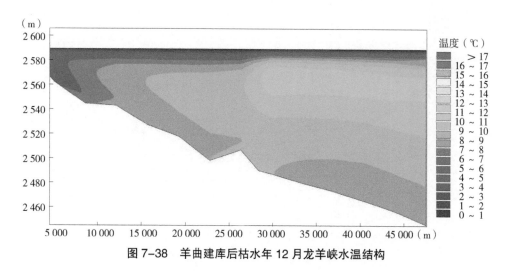

图 7-38　羊曲建库后枯水年 12 月龙羊峡水温结构

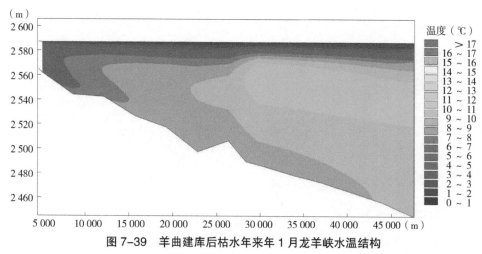

图 7-39　羊曲建库后枯水年来年 1 月龙羊峡水温结构

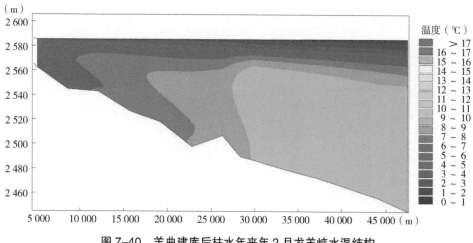

图 7-40　羊曲建库后枯水年来年 2 月龙羊峡水温结构

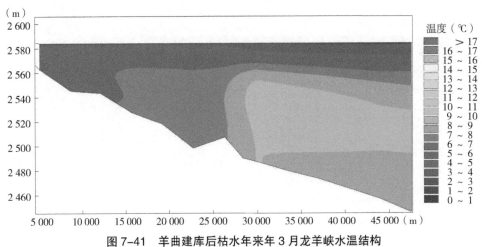

图 7-41 羊曲建库后枯水年来年 3 月龙羊峡水温结构

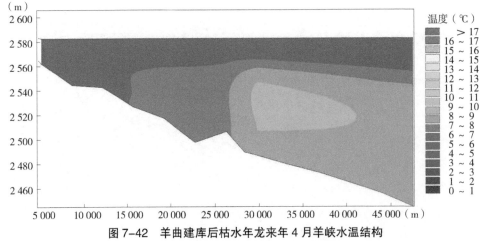

图 7-42 羊曲建库后枯水年龙来年 4 月羊峡水温结构

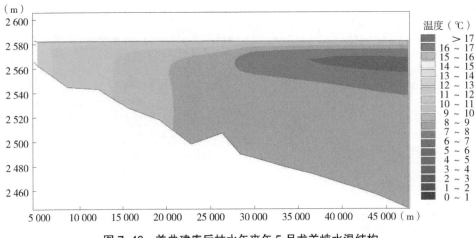

图 7-43 羊曲建库后枯水年来年 5 月龙羊峡水温结构

由图 7-44 ～图 7-46 可以看出，在不同来水保证率条件下，因来水条件不同，羊曲建库前后库区水温分布有一定的变化，但变化不大，坝前水温结构基本一致，并可以得到如下结论：

平水年与枯水年相比，两者的水温结构非常接近，区别在于平水年表面温度变化幅度小于枯水年表面温度变化幅度，枯水年最低温度接近 0℃，而平水年表面最低温度为 1.8℃，平水年表面温度最高在 12.8℃左右，而枯水年表面温度最高在 13.2℃左右。除表面温度有变化幅度差别外，整个水温结构是相似的。全年表层温度随着气温变化呈现夏天高，冬天低的趋势，而底部温度变化趋势则与表层温度变化趋势相反，最高温度出现在 11 月，最低温度出现在 6 月，变化幅度较小，为 6 ～ 8℃。

龙羊峡水库水温结构较稳定，在羊曲建库后，水温分布变化较小。每个月呈现不同的分布规律。

1 月水库表层水温接近 0℃；库底水温相对较高，接近 8℃；坝前水温结构呈现上层温度低、下层温度高的逆温水温分层现象。

2 月和 3 月，水库表层水温到最低点后开始回升，库底水温有所降低，在 6℃左右，坝前水温结构逆温分层现象依然存在，但分层趋势变弱。

4 月和 5 月，随上游来水水温逐步上升，表层水温增高较快，从 0℃升至 4.5℃左右；库底水温维持在 6℃左右；表层 10 m 左右出现温跃层。

6 月水库表层水温持续快速增长，加之上游来水水温上升，表面温度在 10℃左右。来水温度及气温的增加逐步向下层传递，温度分层现象逐渐变得不明显，但水库上层热水不能与下层冷水进行充分混合。

7 月和 8 月，随来水水温及气温的增加表层水温继续增加，上层温跃层表现明显，表层水温达到 13℃左右，底层水温恢复到 7℃左右。

9 月和 10 月上游来流水温下降明显，大量冷水进入库区，同时，气温变化明显，使得表面温度下降明显，发生表层温度低于水下的情况，随着水深增加，水下 20 m 以下的水温恢复正常的稳定分布。

11 月上游来水水温小于 3℃，同时由于气温小于 0℃，造成表层水温下降明显，中、底层水温亦有下降，逐渐呈现逆温分层现象。

12 月上游来水水温接近 0℃，库内表层水温进一步下降至接近 0℃，中下层水温亦下降明显，底层水接近 8℃，中层水降温呈现滞后现象。

考察龙羊峡在羊曲建库前后下泄水温发生的变化。羊曲建库前后，龙羊峡上游入库温度如表 7-5 所示。

表 7-5　龙羊峡入库月平均水温　（单位：℃）

月份	1 月	2 月	3 月	4 月	5 月	6 月	7 月	8 月	9 月	10 月	11 月	12 月
建库前	0	0	1.3	6.5	10.3	12.9	15.0	15.1	12.3	8.2	2.0	0
建库后	1.6	1.2	1.6	3.4	8.5	12.7	14.5	15.0	12.0	9.4	4.8	2.2

由表 7-5 对比结果可以看出，相比于羊曲未建成时的天然河道的水温，建库后，冬

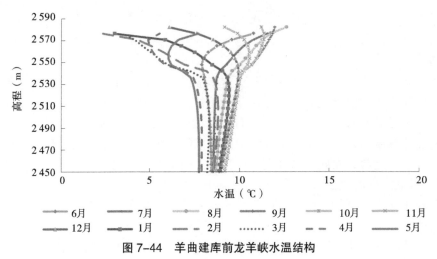

图 7-44　羊曲建库前龙羊峡水温结构

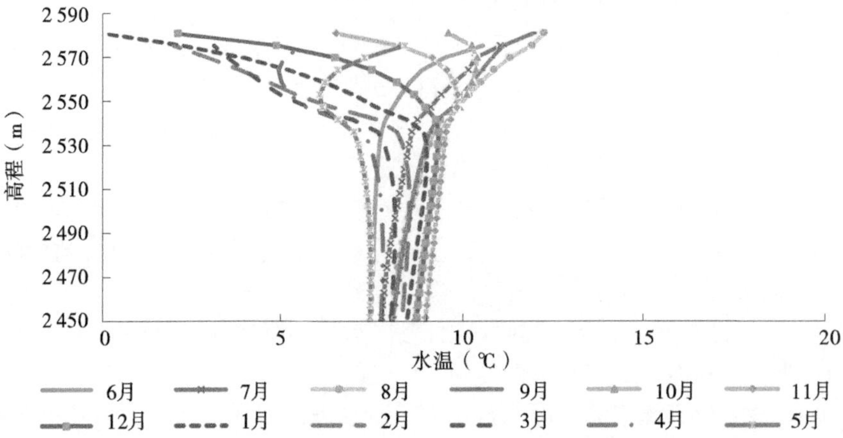

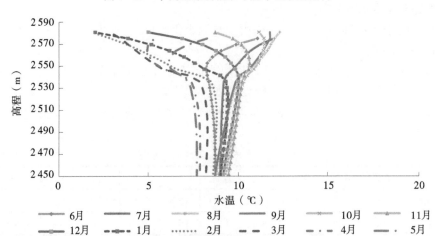

图 7-45　羊曲建库后枯水年龙羊峡水温结构

图 7-46　羊曲建库后平水年龙羊峡水温结构

季温度升高，夏季温度降低，使得羊曲水电站建成后的年温度变化幅度减小，羊曲水电站造成下泄温度变得平缓。

枯水年和平水年龙羊峡下泄水温采用发电机引水管位置处的水温。图 7-47 和图 7-48 为羊曲建成后枯水年和平水年的龙羊峡下泄水温。

图 7-47　羊曲建库后枯水年（*P*=90%）龙羊峡下泄水温

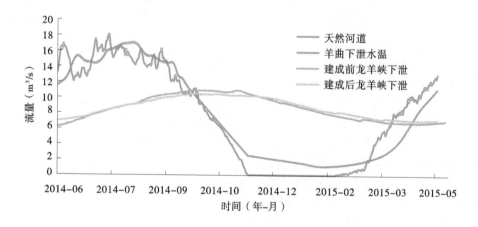

图 7-48　羊曲建库后平水年（*P*=50%）龙羊峡下泄水温

无论是枯水年还是平水年，羊曲水电站建成后，龙羊峡水库下泄温度相比建成前，变化不大。在夏季，羊曲建成后的龙羊峡下泄温度有所降低，枯水年降低 1.5℃，平水年降低 1℃；而在冬季到春季期间，羊曲水电站建成后龙羊峡下泄水温还会略微升高，枯水年和平水年分别能升高 1 ~ 1.5℃。羊曲水电站建成后，减小了龙羊峡下泄温度的变化幅度。最高温度在 10.5℃，最低温度在 7℃。

平水年和枯水年相比龙羊峡下泄水温变化不大，表 7-6 比较了羊曲水电站建成前后不同工况下龙羊峡下泄水温变化情况。

从表 7-6 中可以看出不同来水保证率条件下，下泄水温变化较小，两种工况下，温度变化最大的是枯水年的 10 月，平均温度降低 1.27℃，而升温最高不超过 0.5℃，可见羊曲水电站建库后对龙羊峡下泄水温的影响很小。春夏两季（2～8 月），两种工况下龙羊峡下泄温度变化幅度很小，均不超过 0.5℃，非常接近羊曲建库前的龙羊峡的下泄水温；在秋冬两季（9 月至翌年 1 月）下泄温度均有不同程度的降低，枯水年一般在 1℃左右，最大不超过 2℃，平水年在 0.5℃左右，对下游影响较小。

表 7-6　羊曲水电站建成后龙羊峡下泄水温变化对比 （单位：℃）

月份	羊曲建库前坝址水温	建成后 2014～2015 年		建库后平水年（P=50%）		建库后枯水年（P=90%）	
		下泄水温	温差	下泄水温	温差	下泄水温	温差
1 月	8.9	9.3	0.4	9.2	0.3	8.8	−0.1
2 月	7.9	8.5	0.6	8.2	0.3	8.1	0.1
3 月	7.3	7.4	0.1	7.7	0.4	7.5	0.2
4 月	6.9	7.1	0.2	7.2	0.3	7.1	0.2
5 月	6.8	7.2	0.4	7.1	0.3	6.9	0.1
6 月	6.7	7.2	0.5	7.2	0.5	7.1	0.4
7 月	8.1	8.2	0.1	8.2	0.1	8.0	−0.1
8 月	9.3	9.2	−0.1	9.1	−0.1	8.9	−0.4
9 月	10.3	10.2	−0.1	10.0	−0.4	9.2	−1.1
10 月	10.8	11.1	0.3	10.3	−0.5	9.5	−1.3
11 月	10.7	11.1	0.4	10.3	−0.5	9.6	−1.1
12 月	9.9	10.9	1.0	10.0	0.1	9.4	−0.6

根据表 7-6 内容分析可以得到，羊曲建库后，龙羊峡坝前水温相比建库前变化很小，主要表现在枯水期表层温度变化较大，幅度超过平水期和建库前，建库后的水温结构与建库前一致，没有发生剧烈变化。羊曲建库后对龙羊峡下泄水温有一定影响，主要表现在春夏两季（2～8 月），羊曲建库后龙羊峡下泄水温略微升高，幅度在 0.5℃，秋冬两季（9 月至翌年 1 月）下泄水温温度下降，最大不超过 1.5℃。

综上所述，羊曲建库后对龙羊峡坝前水温变化及下泄水温影响较小。龙羊峡的水温结构变化很小，而下泄温度变化最大幅度为 1.5℃。

7.3　羊曲建库后羊曲水库坝前水温变化及下泄水温影响

羊曲水库为过渡型水库，温度分层现象介于稳定分层型水库和混合型水库之间。结合现有数据情况，分枯水年（P=90%）和平水年（P=50%）两个工况预测了羊曲建库后坝前水温结构变化及下泄水温变化。

由图 7-49～图 7-52 可以看出，在不同来水保证率条件下，因来水条件不同，羊曲建库前后库区水温分布有一定的变化，但变化不大，坝前水温结构基本一致，可以得到如下结论：

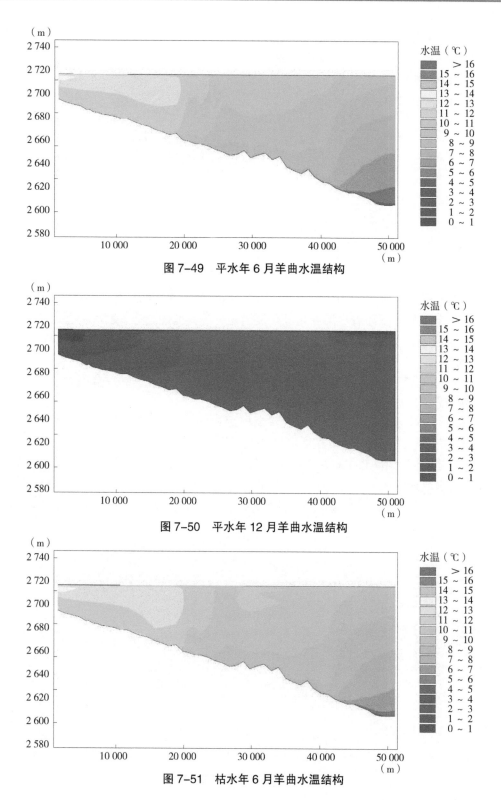

图 7-49　平水年 6 月羊曲水温结构

图 7-50　平水年 12 月羊曲水温结构

图 7-51　枯水年 6 月羊曲水温结构

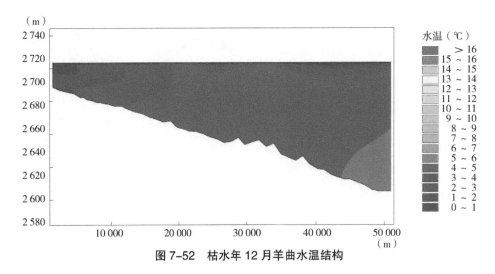

图 7-52　枯水年 12 月羊曲水温结构

平水年与枯水年相比两者的水温结构非常接近，整个水温结构是相似的，见图 7-53、图 7-54。全年表层温度随着气温变化呈现夏天高，冬天低的趋势，而底部温度变化趋势则与表层温度变化趋势相反，最高温度出现在 11 月，最低温度出现在 6 月，变化幅度较小，为 6 ~ 8℃。

羊曲水库为过渡型水库，温度分层现象介于稳定分层型水库和混合型水库之间，水温分布变化受来流的影响，存在季节性分层现象。

冬季，12 月至翌年 3 月，水库表层水温接近 0℃；库底水温随时间推移逐步降低，最低库底温度接近 2℃，坝前水温结构呈现上层温度低、下层温度高的逆温水温分层现象。4 月，表层水温增高较快，从 0℃升至 3℃左右；库底水温维持在 2℃左右。5 月、6 月水库表层水温持续快速增长，加之上游来水水温上升，表面温度从 8℃上升到 11℃，上层温跃层表现明显，底层水温恢复到 5℃左右。7 ~ 9 月，随着上游来流的进一步增加，

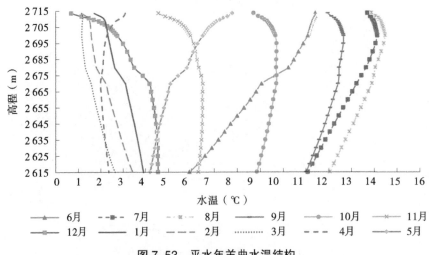

图 7-53　平水年羊曲水温结构

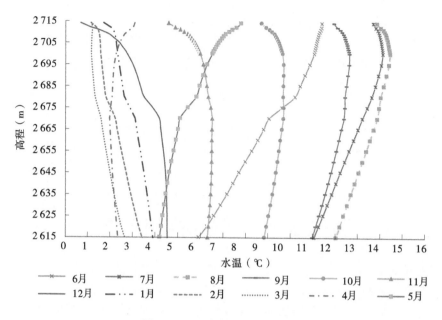

图 7-54　枯水年羊曲水温结构

稳定分层结构被打破，使得表层温度出现低于水下的情况，随着水深增加，水下 20 m 以下恢复正常的稳定分布。10 ~ 11 月上游来水水温迅速减小，造成表层水温下降明显，中、底层水温亦有下降，底层水为 7℃ 左右，中层水降温呈现滞后现象。

　　从表 7-7 中可以看出不同来水保证率条件下，下泄水温变化较小，两种工况下，温度变化最大的是枯水年的 4 月，来流量减少，水力停留时间增长，水库分层现象更为稳定，羊曲水库建成前后相比，各月平均最低降低的温度值由平水年的 4.9℃（4 月）变为枯水年的 5.0℃（4 月），而平均最高的增加的温度值也由平水年的 2.9℃（12 月）变为枯水年的 3.2℃（11 月）。但是，水量变化对下泄水温的影响很不明显。由于来水水量变化，水温峰值存在小于一个月的相位差。

表 7-7　羊曲水库下泄水温变化对比　　　　　（单位：℃）

月份	建成前	平水年（P=50%）		枯水年（P=90%）	
		下泄水温	温差	下泄水温	温差
6 月	14.0	11.7	−2.3	10.8	−3.2
7 月	16.4	13.7	−2.7	14.2	−2.3
8 月	15.3	14.4	−0.9	14.5	−0.8
9 月	13.3	12.5	−0.8	12.8	−0.4
10 月	8.9	9.2	0.3	9.9	1.1
11 月	3.2	5.3	2.1	6.3	3.2
12 月	0.1	2.9	2.8	3.0	3.0

续表 7-7

月份	建成前	平水年（P=50%）		枯水年（P=90%）	
		下泄水温	温差	下泄水温	温差
翌年 1 月	0.0	1.6	1.6	2.4	2.4
翌年 2 月	0.1	0.8	0.7	1.6	1.6
翌年 3 月	2.6	0.7	−1.9	1.2	−1.4
翌年 4 月	7.2	2.2	−5.0	2.1	−5.0
翌年 5 月	11.1	6.2	−4.9	6.2	−4.8

7.4 黄河上游水库兴建前后水质数值模拟

水库的建成运行将会改变库区及坝址下游河段的水文情势，影响水体中污染物的稀释、扩散及降解过程。水库对库区河段水质的影响，主要是因坝前壅水致使库区整体水位抬高、过水断面增大、水深增加、流速减缓所致；对坝下河段水质的影响，则主要是由于水库下泄的流量和水质与天然河道状态条件下不同所致。本节将对黄河上游茨哈峡至龙羊峡梯级水库水域污染物 COD_{Mn}、NH_3-N、TN 等指标的分布情况进行模拟计算。

7.4.1 天然河道水质分布形态特征分析

由于夏季雨水充足，水土流失加剧，各污染物指标在夏季均有所升高，见图 7-55 ~ 图 7-57。坝址处 COD_{Mn} 由 2 月的 0.94 mg/L 上升到 7 月的 2.97 mg/L，COD_{Mn} 水质质量由一类下降为二类。氨氮由 0.04 mg/L 上升到 0.09 mg/L，氨氮水质指标由一类下降为二类。TN 由 0.70 mg/L 上升到 1.14 mg/L，TN 水质指标由三类下降为四类。

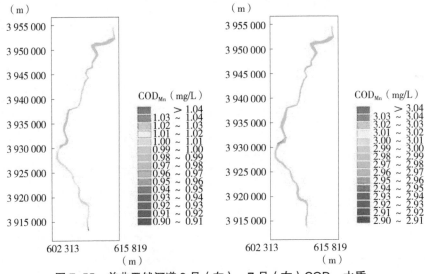

图 7-55 羊曲天然河道 2 月（左）、7 月（右）COD_{Mn} 水质

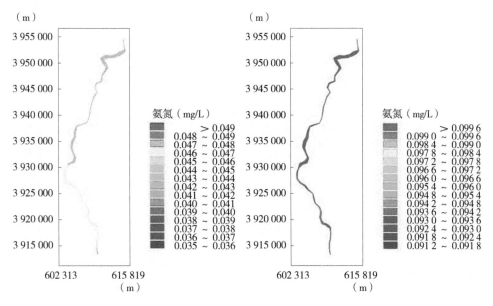

图 7-56　羊曲天然河道 2 月（左）、7 月（右）氨氮水质

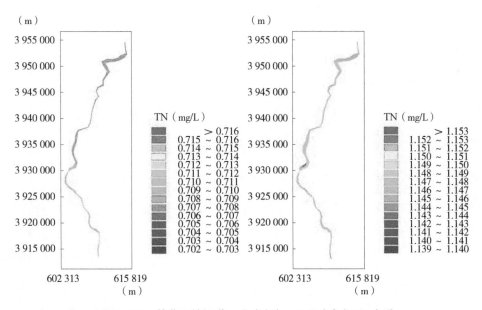

图 7-57　羊曲天然河道 2 月（左）、7 月（右）TN 水质

7.4.2　羊曲水库建库后水质模型

建库后羊曲库曲水域水面面积增大，流速减缓，污染物降解速率减慢，见图 7-58 ～ 图 7-60，另外水力停留时间增长，污染物质降解时间增长，环境自净能力受限。干流流量大，支流汇入流量较小，河段水质由上游来水水质控制。

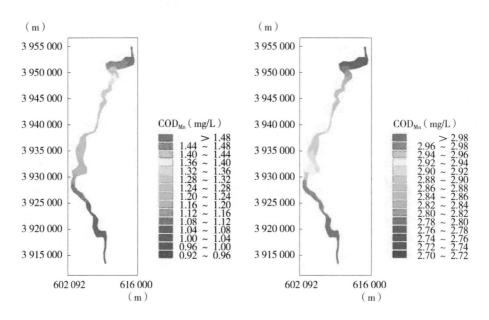

图7-58 羊曲建库后2月（左）、7月（右）COD$_{Mn}$水质

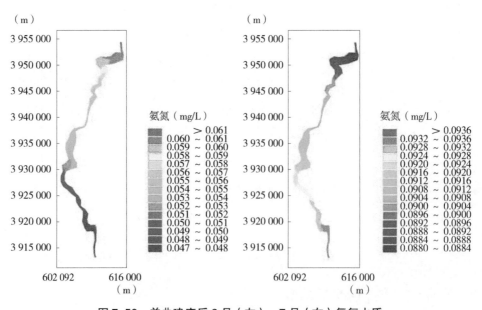

图7-59 羊曲建库后2月（左）、7月（右）氨氮水质

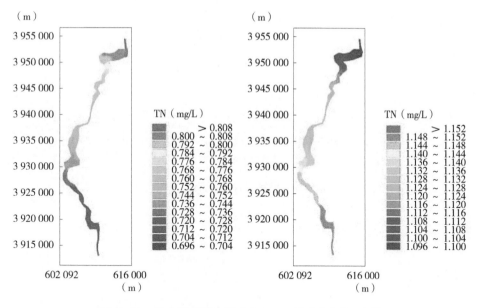

图 7-60　羊曲建库后 2 月（左）、7 月（右）TN 水质

由图 7-61 ～图 7-63 可知，建库前、后各类污染物质浓度随时间变化情况。由于夏季雨水充足，水土流失加剧，各污染物指标在夏季有所升高的现象仍然存在。坝址处 COD_{Mn} 由 1.06 mg/L 上升到 2.92 mg/L。同时，氨氮由 0.05 mg/L 上升到 0.09 mg/L，TN 由 0.71 mg/L 上升到 1.13 mg/L。由于水力停留时间的增长，峰值到达唐乃亥测站及水库坝址时间有所推延，由于长时间内污染物质的降解，各类水质指标与建库前相比有略微好转。

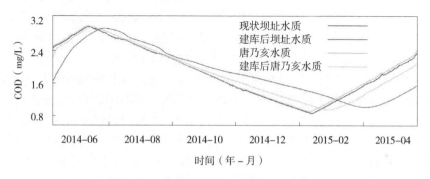

图 7-61　建库前后 COD 变化　（单位：mg/L）

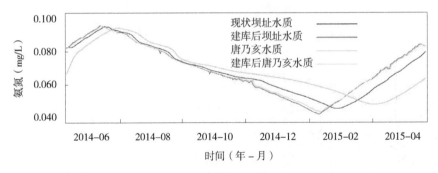

图 7-62　建库前后氨氮变化 （单位：mg/L）

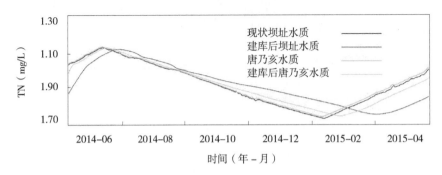

图 7-63　建库前后 TN 变化 （单位：mg/L）

7.5　本章小结

　　本章在水动力模型基础上，搭建了黄河上游茨哈峡至龙羊峡梯级水库现状以及羊曲建库后梯级水库水温分布模型。采用了 MIKE3FM 温盐模块计算模型，根据当地实际调整了热交换参数，并通过率定得到一套完整的符合当地情况的模型参数，使得计算结果与实测结果匹配一致。梯级水库水温模型仍采取分段计算，将茨哈至龙羊峡段分为三段，其中，茨哈段包括班多水库模型，羊曲段包括羊曲建库前天然河道模型，羊曲水库模型，龙羊峡段包括羊曲建库前以及羊曲建库后的模型，得到以下结论：

　　（1）羊曲水库为过渡型水库，水库下泄水深约 45 m，下泄水温相比天然河道水温变化存在滞后一个月左右的相位差，与水库 26 d 的水力停留时间相吻合。相比羊曲水库建库前，库尾水深较浅，流速大，水体的掺混作用强，水温未出现分层，水温与天然河道状态下分布相近。随着水深的增加，直至坝前水深最深处，水平流速变缓，上下水层之间热交换能力较弱，抑制了热量和动量在垂向上的传递，表现出水库水温分层的特性。坝前表层水体速度很小，因此热量的积蓄作用明显而出现高温，常常高于未建水库时天然河道水温，而库底则未受扰动，热量难以向下传递而使水温基本保持不变，温度分层与水流的变化是相辅相成的。

（2）由于羊曲水库库容较大，羊曲水库相比天然状态下，在各月均出现不同程度的分层现象，天然河道与建库后相比，最大温降 3.5℃，最大温升 4.9℃。

（3）羊曲建库后，龙羊峡坝前水温相比建库前变化很小，主要表现在枯水期表层温度变化较大，幅度超过平水年建库前，建库后的水温结构与建库前一致，没有发生剧烈变化。羊曲建库后对龙羊峡下泄水温有一定影响，主要表现在春夏两季（2～8 月）羊曲建库后龙羊峡下泄水温略微升高，幅度在 0.5℃，秋冬两季（9 月至翌年 1 月）下泄水温温度下降，最大不超过 1.5℃。

（4）羊曲建库前后，各类污染物随季节在一定范围内波动。羊曲坝址处 COD_{Mn} 在 1.0 mg/L 到 3.0 mg/L 范围内变动，氨氮在 0.05 mg/L 到 0.10 mg/L 范围内变动，TN 在 0.7 mg/L 到 1.2 mg/L 范围内变动。夏季雨水充足，各污染物随径流进入河道，其指标基本呈现夏高冬低的趋势。

（5）建库前后相比，羊曲水域水面面积增大，流速减缓，污染物降解速率减慢，另外，水力停留时间增长，污染物质降解时间增长，环境自净能力受限。由于水力停留时间的增长，峰值到达唐乃亥水文站及水库坝址时间有所推延，由于长时间内污染物质的降解，各类水质指标与建库前相比有略微好转。

第8章 黄河上游水库
修建对鱼类栖息地影响数值模拟研究

鱼类栖息地是河流生态系统的重要组成部分，生态流量已被证明为保护河流的鱼类栖息地的基本条件，相比于天然来水条件，生态流量过程更加注重流量调节对鱼类产卵场、索饵场和越冬场（俗称"三场"）的保护作用，同时能够减轻极端水文条件下对于栖息地的破坏。为了建立鱼类栖息地与"三场"之间的联系，采用基于拉格朗日法和欧拉算法耦合的鱼类栖息地适应性模型，并基于前述章节中的水文水动力模型和水温、水质模型模拟得到的结果，对于栖息地数量及片段化加以评估，以期建立羊曲建库前后栖息地数量及片段化与鱼类"三场"之间的关系，并为后续确定栖息地保护数量的目标，并在结合水文季节性条件下，试图可以确定相应的生态水位曲线过程提供基础信息。

为了研究对鱼群栖息地的动态影响，本书通过一系列集成三维水动力水温水质的鱼类栖息地模型，即以花斑裸鲤和黄河裸裂尻两个优势土著种群作为研究对象的ABM模型。

8.1 鱼类主要生境及习性

主食生藻类的鱼类的食物主要为硅藻、蓝藻，其次为绿藻等，包括黄河裸裂尻鱼、厚唇裸重唇鱼、骨唇黄河鱼、极边扁咽齿鱼等。以底栖水生无脊椎动物为主要食物的鱼类，同时兼食部分着生藻类的鱼类包括花斑裸鲤、拟鲇高原鳅、鲤鱼等。

羊曲电站河段鱼类按其产卵类型可分为两大类，即产黏性卵的鱼类，如高原鳅、鲫鱼、麦穗鱼、池沼公鱼等；产沉性卵的鱼类，如花斑裸鲤、黄河裸裂尻、虹鳟等。

8.1.1 产卵场

该河段下游有龙羊峡大坝阻隔，上游有班多电站大坝阻隔，从所捕获的渔获物来看，现存天然鱼群主要是产黏性卵和沉性卵的鱼类。产黏性卵鱼类的产卵场一般处于大的回水弯或河叉处，岸边有较为丰富的植被，流速较慢，水面平缓，底质为砂砾或砾石，水浅甚至河床部分裸露，以便于鱼卵附着。同时，周边需有一定的深水区，供亲鱼活动和藏身，在产卵场附近一般都会有索饵场。花斑裸鲤、黄河裸裂尻、鲫鱼、麦穗鱼、池沼公鱼、小型高原鳅等在调查河段均有较为适宜的产卵场。产沉性卵的鱼类，多为冷水性鱼类，除了有合适的产卵地点，还要有水流刺激和流水条件，适宜的水温等因素。溪流中产卵的鱼类，也多产沉性卵。对此类鱼来讲，河流的流水环境是决定产卵场存在的重要因素。现场调查发现黄河部分干流及部分支流如大河坝河、巴沟河河道具有一定的流速，底质主要为砂石，适合产沉性卵的鱼类繁殖。由于该河段上下游梯级水电站的建设，库区鱼类养殖发展导致外来鱼类的资源量迅速增加，栖息于河流生境的土著鱼类，由于繁育场功能减弱或丧失，导致繁育困难，资源量下降；保护鱼类仅花斑裸鲤、黄河裸裂尻、厚唇裸重唇鱼、骨唇黄河鱼、极边扁咽齿等在该河段有分布，但资源量较小，黄河裸裂尻、极边扁咽齿分布范围相对狭小。根据黄河上游水电开发公司专题单位历次调查，发现在龙羊峡水库低水位运行时期，龙羊峡水库库尾有一定回水变动段，库尾滩地出露，可以形成鱼类的临时产卵场所，主要位于野狐峡下游，具有一定生态意义。而龙羊峡水库高水位运行时，完全与羊曲坝址衔接，未发现产卵场所。羊曲坝下由于位于龙羊峡库区，水位受龙羊峡水库控制，已不存在天然产卵场。调查河段产卵场分布情况见表 8-1，产卵场分布图见图 8-1 ~ 图 8-4。

表 8-1　班多至龙羊峡段鱼类产卵场分布情况表

类别	地点	河道长度（km）	水深（m）	水温（℃）	溶解氧（mg/L）	底质	生境特点	产卵鱼类
干流	上鹿圈村产卵场（羊曲库区）	3	0.1 ~ 3.0	14.0	5.264	泥沙	河湾岸边浅滩，水流平缓，水体较清澈	花斑裸鲤、黄河裸裂尻及鳅科鱼类
干流	龙羊峡库尾回水变动段	龙羊峡水库低水位时出现		15.0	8.184	砾石泥沙	受龙羊峡运行控制，龙羊峡低水位时，库尾河滩地出露，形成缓流区	高原鳅、花斑裸鲤、黄河裸裂尻等
支流	巴沟河	3	0.1 ~ 2.0	14.0	7.945	砾石	河道多砾石、浅滩、水潭、水流平缓	花斑裸鲤、高原鳅类等
支流	大河坝河	10	0.1 ~ 1.5	15.0	7.692	泥沙	多河汊、漫滩、河道宽阔、水流平缓、水深较小	花斑裸鲤、黄河裸裂尻、厚唇裸重唇鱼、高原鳅类等

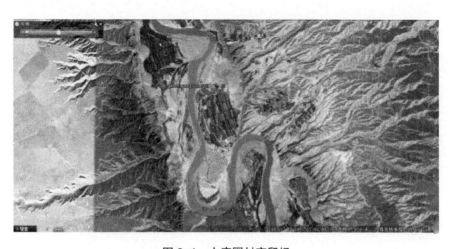

图 8-1　上鹿圈村产卵场

图 8-2　龙羊峡库尾回水变动段产卵场

图 8-3　巴沟河产卵场（支流）

图 8-4　大河坝河产卵场（支流）

8.1.2　索饵场

本书研究河段地形多变，有峡谷型河段、平缓的水库回水河段、平静宽阔的库区。多变的水文环境为不同的鱼类提供了栖息场所，所以该河段有喜急流水的高原鱼类，如黄河裸裂尻、厚唇裸重唇鱼等；喜缓流水的花斑裸鲤、极边扁咽齿、高原鳅等；喜静水鲫鱼、棒花鱼、麦穗鱼等。根据该河段的渔获物组成情况以及水生生物的数量和生物量的分布情况，分析认为干流河段的水域基本满足流域内鱼类的索饵需求。实地调查认为主要支流与干流汇口、龙羊峡库尾为鱼类的主要索饵场。鲤鱼、鲫鱼、麦穗鱼、棒花鱼索饵场为龙羊峡库尾、龙羊峡库湾浅水区域。

8.1.3　越冬场

干流河段越冬场主要是龙羊峡库尾河段、库区和峡谷深水河段，在库尾及库区河段水面较宽，水体清澈，流速较缓，冬季水温上升较快、加之水流变缓，饵料因沉降较为丰富，且水深较深不易受到外界干扰，成为部分鱼类理想的越冬场。部分喜流水鱼类的越冬场在峡谷深水河段。此外该河段部分支流多有河湾和深水潭，形成了较多小型鱼类越冬场，如沙沟河、大河坝河河道宽阔，水流缓慢有深水潭存在，白天浅水区域水温上升较快，均是鱼类的理想越冬场。

8.2　鱼类种群聚集效应计算

在已知的各类鱼类种群中，其中 80% 在其生活周期内存在某一阶段的集群行为，从鱼苗开始直至成鱼均以浮游动物、水生昆虫为食，存在追食行为。研究鱼类种群数量变动的目的是为了了解鱼类资源的现状和预测其变动趋势，为水产捕捞、鱼类增殖及鱼类等水生生物资源管理提供科学依据。鱼类种群的数量变动现象是普遍存在的，可大致反映在渔获量的变化中。鱼类种群的数量变动是由捕捞强度变化、水温、河流水文条件等环境条件变化，饵料数量波动等多种因素造成的。模型的选用，参数的设计，各类生物学特征值，例如年龄、质量和生长函数的了解估算，在一定渔场范围的鱼苗资源量，以及环境因素对种群聚集效应、洄游与数量的影响等，均是关键的因素。因此，本章对近岸的鱼苗繁衍行为、聚集效应及游泳游向一致性进行了模拟计算分析，为后续新形成的栖息地的鱼类增殖性放流、鱼类产卵场保护范围划设提供一定的科学依据和支撑。

图 8-5 为鱼苗繁殖点位及模型设置形式，鱼苗集群行为是在鱼苗具有游泳能力后体现的，随着个体的长大，鱼苗集群形式不断变化，鱼苗集群使鱼苗具有生态学适应上的优越性，对其个体的生长和生存是有利的。鱼类成群游动可保存个体的能量，降低消耗，集群游泳时，带头鱼不断地交换，个体能量消耗比较均匀。鱼苗集群生活也是由于安全因素，夜晚集群休息则是表现之一，群体中的鱼在面对邻伴游泳速度变化可迅速做出反应，能机动地同步逃逸，见图 8-6 和图 8-7。集群行为有助于鱼类的摄食及避开障碍物，浮游生物有时聚集成团，单尾鱼进入成团区域很慌乱，如集群鱼类进入这一区域，由于

游泳速度和游向具有一致性，利于捕食浮游生物，而且可以灵活机动地包围浮游生物，有利于提高鱼苗的存活率，见图 8-8 和图 8-9。

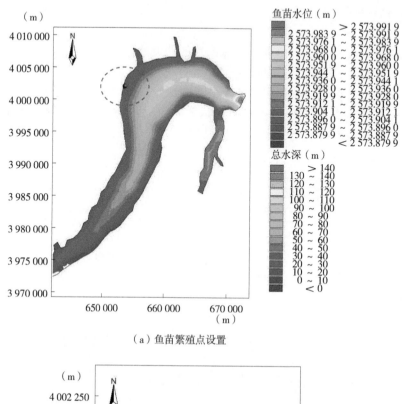

（a）鱼苗繁殖点设置

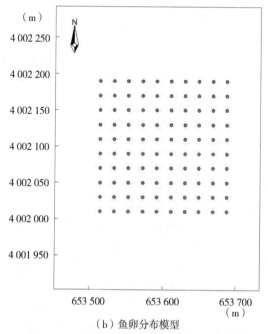

（b）鱼卵分布模型

图 8-5　鱼苗繁殖点设置及鱼卵分布模型设置

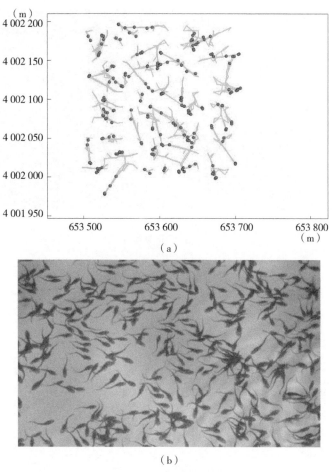

（a）

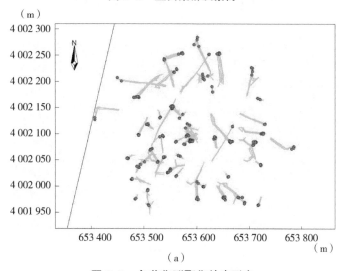

（b）

图 8-6　鱼苗集群及繁衍

（a）

图 8-7　鱼苗集群聚集效应形态

（b）

续图 8-7

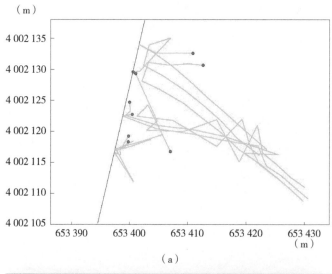

（a）

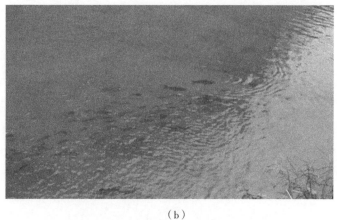

（b）

图 8-8　鱼苗岸边集聚及边壁洄游轨迹线

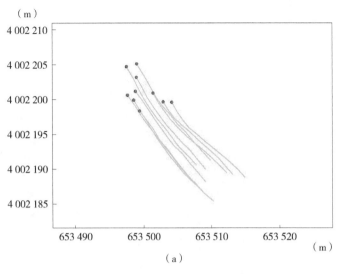

（a）

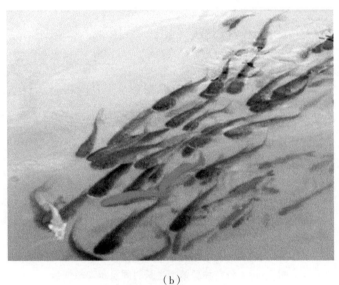

（b）

图 8-9　鱼苗集群游泳动向一致性

由图 8-10 可知，刚孵化出的鱼苗无集群行为，集群行为是在具有游泳能力后逐渐显现出来的。从鱼苗的生存时间及游泳轨迹线可知，鱼苗群体生活区域在一定范围内，符合现实中在岸边浅水缓流区域发现鱼苗聚集的现象，同时鱼苗具有岸边边壁捕食苔藓等附着植物、浮游生物的特性，并体现出边壁障碍物的避开效应。

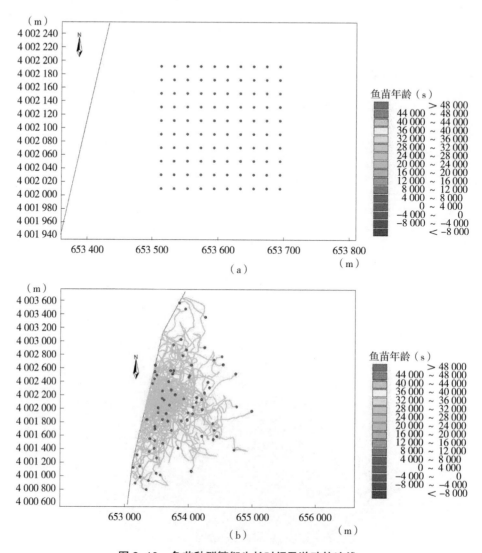

图 8-10　鱼苗种群繁衍生长时间及游动轨迹线

8.3　鱼类栖息地分布计算

8.3.1　羊曲电站建库前

根据水动力及水温模型计算结果，考虑到龙羊峡水库低水位运行时，库尾回水变动段对鱼类具有一定的生态意义，应优化羊曲建库后下泄流量，进行适度调峰运行，弱化日内调峰幅度，减少调峰频次，有利于繁殖洄游性鱼类，例如黄河裸裂尻的产卵繁殖生境，尽可能减轻羊曲对龙羊峡库尾回水变动段的水文情势和水生生态系统的影响。

根据羊曲电站水温模型预测结果，结合羊曲河段鱼类繁殖季节主要集中在 4 ~ 6 月，低温水的产生会使高原鱼类的产卵期推迟，还会影响受精卵的孵化率。低温条件下受精卵发育期延长，鱼苗孵化率降低，加上高原环境，幼鱼的孵化出苗时间推后，会影响幼鱼的越冬成活率。

图 8-11 为依据 ABM 模型模拟标识出的鱼类种群"三场"分布图示，包括产卵场、索饵场分布。由于冰封期的原因，本次模拟未设置越冬场。图 8-12 分别展示了支流及库尾洄水区各产卵场分布型态及产卵过程局部图示。图 8-13 及图 8-14 分别展示了支流产卵过程及鱼苗觅食索饵过程。

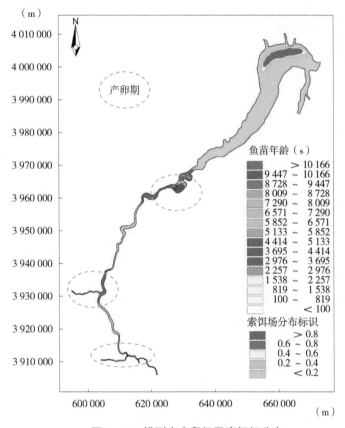

图 8-11　模型中产卵场及索饵场分布

目前，各级支流均逐年建设或者计划建设抽水蓄能电站，本次模型模拟由于确定右岸支流均修建了抽水蓄能电站，故模型未考虑梯级电站右岸的茫拉河及巴沟河支流情况，将此前划设调查的产卵场生境与干流隔离开。建议后续羊曲建库后，逐年拆除各支流的抽水蓄能电站，以期形成新的鱼类种群的生物栖息地及产卵场、索饵场及越冬场，从而补偿羊曲电站建成后库区对天然河道生境的破坏，使得原先天然河道的生境转移至各级支流处，便于相应的种类鱼类资源快速适应变化，流水性鱼类向库尾以上及支流迁移，以浮游生物为食的缓流、静水性鱼类将在羊曲库区形成新的优势种群；从而降低羊曲水库建成后对鱼类种群栖息地的影响程度。

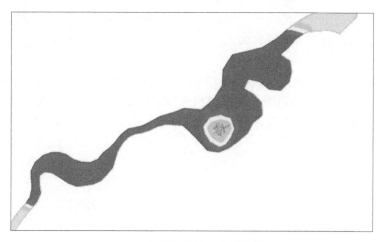

（a）龙羊峡洄水处产卵场示意图

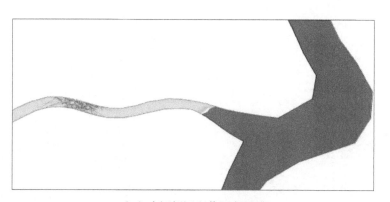

（b）大河坝河和黄河交汇处

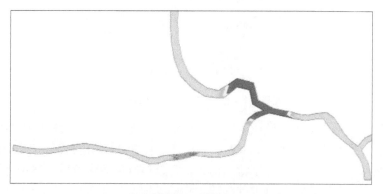

（c）切木曲和黄河交汇处

图 8-12 支流及库尾洄水区各产卵场分布型态及产卵过程局部图示

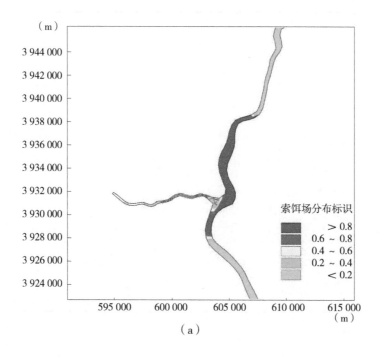

（a）

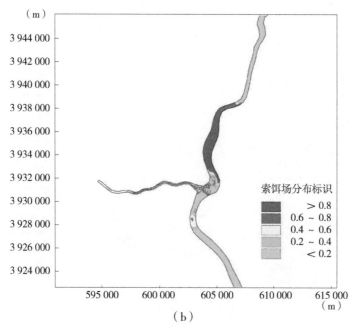

（b）

图 8-13　鱼群产卵场繁殖过程和索饵场觅食过程

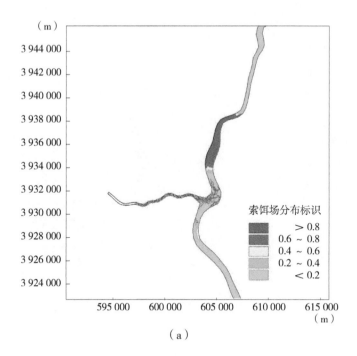

（a）

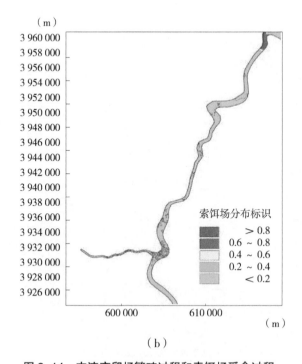

（b）

图 8-14　支流产卵场繁殖过程和索饵场觅食过程

8.3.2　羊曲电站建库后

　　羊曲大坝将库区与坝下龙羊峡库尾回水变动段分割成两个截然不同的生境，由于未修建鱼道和升鱼机，大量文献中也提及大坝会阻隔影响鱼类的正常繁殖性洄游，大坝上、下游鱼类在繁殖期无法完成交配，形成生殖隔离，大坝上下游鱼类种群成为不能进行基因交流的孤立种群，使得种质资源退化，多样性变小，不利于鱼类种群的优化和发展。同时，繁殖洄游性鱼类需要水流刺激性腺发育，一般要在流水环境中做不同距离洄游，促进性腺发育，只是不同鱼类的效应期有所不同。

　　由图 8-15、图 8-16，可以看出，羊曲建库前、后，干流产卵场鱼类幼苗的存活率降低，同时由于生境阻隔，鱼类同一时期的体重有所下降，鱼类洄游和索饵受阻。坝址处与天然河道相比，羊曲水库建成蓄水后，羊曲天然河道状态下的鱼类流水生境淹没，水生生物由河流相向湖泊相演变，鱼类饵料结构将发生变化，从河流性的游泳生物、底栖动物和生藻类为主向浮游生物为主进行转变，相应地，鱼类资源的种类结构也发生变化，流水性鱼类向库尾以上及支流迁移，在库区的资源量会大幅下降，以浮游生物为食的缓流、静水性鱼类成为优势种群，鱼类种类发生变化，总体数量增加。

　　预计适应静缓水的花斑裸鲤种群数量会增加；喜流水性鱼类黄河裸裂尻的栖息生境减少，库区资源量将有所衰退，主要分布在库尾、河汊、支流中，预计种群规模将减少。同时，应该禁止外来物种入侵，引入外来鱼类如为肉食性鱼类，会以土著鱼类的鱼卵和鱼苗为食，更加不利于土著鱼类种群的生存和结构。

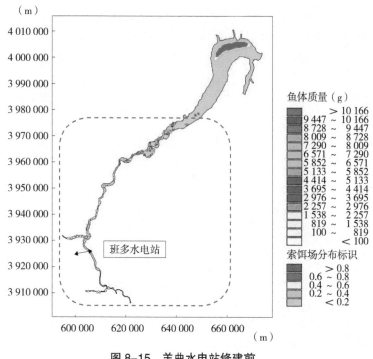

图 8-15　羊曲水电站修建前

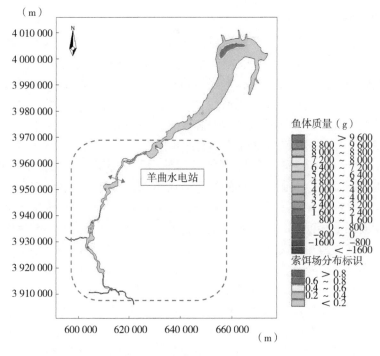

图 8-16　羊曲水电站修建后

综上所述，羊曲建库后模型模拟得到的结果可以概述如下：

（1）花斑裸鲤等喜静缓水的鱼类将成为库区范围内优势鱼种。

（2）由于大坝的阻断，洄游性鱼类种群在坝下（班多、羊曲）数量明显多于其他河道区域。

（3）曲什安河、大河坝河、巴沟河等支流上游以及洄水湾和部分河汊口将会是鱼类新的产卵场。

（4）大坝的建成虽然对库区鱼类的"三场"带来一定的负面影响，但羊曲—班多段鱼类资源量大，研究区域内含有三条较大的支流能够很好地缓冲水利工程建设对鱼类栖息地的影响。

8.4　本章小结

本章对鱼类"三场"中的产卵场和索饵场进行了模拟计算分析，对鱼类产卵场分布形态及对鱼类索饵场觅食行为影响进行了动态分析，并定性地分析了越冬场地理位置的环境条件需求和形态；同时羊曲建库前后，龙羊峡产卵场所不变的前提下，对库区鱼苗的生物聚集效应及游泳特性着重进行了动态模拟分析，得出了羊曲水库建库后对鱼类"三场"的影响分析，分别可得出以下结论：

（1）对产卵场的影响。水库形成后，库区高原土著鱼类的产卵场因流水生境的减少而受到压缩，向上游河段迁移，淹没区支流小型产卵场也会随水位上升而向上游河段退缩，对流水性鱼类的繁殖造成影响；水库水量稳定、水深增加后，水域面积增加，浅水区域面积增加，水生、湿生植被会增加，尤其在沿岸地带，可能形成一些产黏性卵鱼类产卵场，流水性鱼类的产卵场会向库尾、支流转移并趋于固定。库区河段上鹿圈村产卵场将被淹没，而坝下龙羊峡库尾回水变动段在低水位时仍可能形成产卵场。若羊曲水电站采取生态调度的运行方式，每年 4 ~ 6 月水库不蓄水、电站不进行日调峰运行按上游来流量下泄（扣除水库蒸发、渗漏损失），保证鱼类产卵季节维持龙羊峡库尾回水变动段水文情势过程，则对鱼类产卵场影响较小。支流大河坝河、巴沟河现有的鱼类产卵场未受水库淹没影响，仍然可以保留下来。

（2）对索饵场的影响。工程河段鱼类对索饵场要求不高，在水流较缓的沱、湾处的浅水区均是鱼苗的索饵场，成鱼索饵场主要在急流浅滩处。水库形成后，水面扩大、水体加深、水流流速变缓，水库库区有机质沉积增多，饵料生物将变得更丰富，库区原有的索饵场将消失，库区的浅水区将成为鱼类新的索饵场，因而支流回水区会形成较多的索饵场分布，吸引更多的洄游性鱼类索饵觅食。

（3）对越冬场的影响。羊曲河段鱼类的越冬场通常在主河道中水深的沱或岩石缝隙中，支流中的部分鱼类冬季也会到干流中越冬。建库后，淹没区面积增加，库区中的深沱相应增加，鱼类的越冬场的位置可能会发生变化，干流中适合鱼类越冬的场所将会增加，被淹没的支流也会由于水位的抬升形成新的越冬场。

第9章 对策和建议

在近数十年环境变化和人类活动的综合影响下,黄河上游土著鱼等珍稀鱼类资源明显下降,已表现出生命周期长的种类被生命周期短的取代、传统的大中型种类被庞杂的小型种类取代、优质种类被非经济种类取代、当地优质优势种类被低质种类取代、鱼类个体小型化、繁殖群体低龄化等现象。一些种类由过去的连续分布到现在的点状隔离分布,不少种类已呈濒危状态,濒危种类数量呈上升趋势。黄河鱼类资源减少已是不争事实,衰退趋势还在发展。

黄河上游已成为我国规划建设的重要水电基地和能源基地,龙羊峡以上黄河鄂陵湖出口至羊曲河段1 360 km,规划了16个梯级电站。这些水电站对国家经济建设和社会发展具有重大作用。一方面水库的建成增加了水面,利于发展水产养殖渔业。但另一方面梯级电站群的开发建设,使河流水生生境片断化,水文情势发生了改变,必定对水生生物产生影响。随着电站建成及运行,对河道水生态系统的影响也日益显现出来。

在青海各水系分布的鱼类中,裂腹鱼亚科和条鳅亚科鱼类占主体,这些鱼类都存在着生长缓慢,性成熟期相对晚,繁殖力低的特殊性,决定其种群再生能力相对脆弱,一旦其种群数量受到外来因素影响而急剧下降,种群数量在短期内很难恢复起来。鱼类是水利水电工程开发影响最大的水生生物,因此有必要采取相应的保护对策。

(1)制定法律法规,完善保护机构。2005年以来,为进一步加强青海省鱼类保护工作,促进河道水生态保护健康持续发展,根据《中华人民共和国渔业法》、国务院《关于印发中国水生生物资源养护行动纲要的通知》、《青海省实施〈中华人民共和国渔业法〉办法》等有关法律法规,青海省相继制订并出台了《青海省实施〈中国水生生物资源养护行动纲要〉的意见》、《青海省水产种质资源保护区建设规划》、《青海省渔业行政、刑事违法犯罪举报和办案有功人员奖励办法》、《玛柯河重口裂腹鱼国家级水产种质资源保护区管理办法》以及《关于规范民间水生生物放生活动的通知》等法律法规和相关文件,加大水生生物保护方面的立法,建立健全水生生物保护法律体系,使鱼类保护工作切实做到有法可依,为各地开展鱼类保护工作提供了强有力的法律保障。

(2)开展水生态环境调查。水生生物监测,主要监测浮游植物、浮游动物、底栖生物、水生维管束植物的种类组成及其生物量,以及水质监测主要依据《渔业水质标准》、《渔业生态环境监测规范》,主要检测水温、pH值、氨氮、总氮、总磷、溶解氧、高锰酸盐指数、化学需氧量(COD)、铜、锌、铅、镉、砷、汞、六价铬。

调查研究黄河上游段内珍稀、保护和主要经济鱼类产卵场的分布和规模以及产卵场生境的主要参数,调查鱼类早期资源量种类组成与比例、分布、资源量,产卵场的分布与规模、繁殖时间和频次。

(3)开展水利工程对鱼类资源影响监测及环评工作。建立水电开发与水生生物保护的协调机制和补偿机制。要尽快出台或建立可操作的水电工程管理措施、相应的补救措施的具体政策，使所有涉水工程建设单位在建设中必须环评论证、行政审批，以及采取何种补救措施都有章可循，做到统筹兼顾，布局合理，保障对遭受破坏的水生生物资源和水域生态环境的补偿和修复。做好涉水工程对水生生物资源影响监测及环评工作，由当地渔业主管部门牵头，对新建涉水工程主动介入，积极参与环境影响评价工作，对已建水电站做好水域环境监测及环评工作。

（4）开展黄河上游土著鱼类增殖放流及监测效果评估。继续加强土著鱼类的增殖放流工作。对现有增殖站的水源、电路进行改造，保证在雨季和枯水期有可靠的水源以及正常的生产用电。改进增殖站繁育车间的配套设施（如水循环、曝气、升温、采暖等）。选择适宜地点，建设一个集亲鱼培育、人工繁殖、苗种培育为一体、设施设备齐全，年生产鱼苗 300 万尾以上（规格 4 cm 以上）的大型鱼类增殖站，扩大增殖放流规模，提高土著鱼类苗种的成活率和放流规格。放流的种类先期考虑繁育技术成熟的花斑裸鲤和黄河裸裂尻鱼。根据监测结果和效果评价后，再调整放流种类。为了使人工增殖放流达到预期效果，建议进行放流效果的评估，开展人工放流增殖效果的监测，评估增殖放流效果，为物种保护决策提供科学依据。

监测内容包括种群数量和遗传多样性变动研究等。通过渔获物调查评价各放流鱼类种群数量的涨落，建立样本回收及监测网络；通过研究人工增殖种群的行为生态学差异，对自然种群的贡献率等，评估增殖放流效果；并通过渔获物调查所获得的 DNA 材料，进行种群遗传结构与遗传多样性分析研究等。

参考文献

[1] 李海英,冯顺新,廖文根.全球气候变化背景下国际水电发展态势[J].中国水能及电气化,2010,70:29-37.

[2] 李宏伟,尹明玉.水利工程建设与生态环境可持续发展[J].东北水利水电,2010,3:36-40.

[3] 邓丽,李政霖,华坚.基于系统动力学的重大水利工程项目社会经济生态交织影响研究[J].水利经济,2017,35(4):16-23.

[4] 王丽娜.气候变化对黄河上游梯级水库效益影响研究[D].西安：西安理工大学,2014.

[5] 张士锋,贾绍凤,刘昌明,等.黄河源区水循环变化规律及其影响[J].中国科学:技术科学，2004，34(S1):117-125.

[6] 冉玲,朱海江,阿依努尔•孜牙别克.1962～2007年新疆塔城白杨河流域气候变化对水文情势的影响[J].冰川冻土,2010,32(5):921-926.

[7] 王晓燕,杨涛,郝振纯.基于统计降尺度的黄河源区气象极值预测[J].水电能源科学,2011,29(4):1-4.

[8] 张永勇,张士锋,翟晓燕,等.气候变化下石羊河流域径流模拟与影响量化[C]// 中国自然资源学会2012年学术年会. 2012.

[9] 王俊,程海云.三峡水库蓄水期长江中下游水文情势变化及对策[J].中国水利，2010(19):15-17.

[10] 孙爽.查干湖湿地水文情势与生态需水调控研究[D].北京：中国科学院大学，2014.

[11] 朱记伟,解建仓,杨柳,等.西安市灞河下游水文情势变化及生态影响分析[J]. 西北农林科技大学学报(自然科学版),2013,41(4):227-234.

[12] 李峰平,章光新,董李勤.气候变化对水循环与水资源的影响研究综述[J].地理科学,2013,33(4):457-464.

[13] Carla Teotónio,Patrícia Fortes,Peter Roebeling,et al. Assessing the impacts of climate change on hydropower generation and the power sector in Portugal: A partial equilibrium approach[J].Renewable and Sustainable Energy Reviews,2017,74:788-799.

[14] Nepal S. Impacts of climate change on the hydrological regime of the Koshi river basin in the Himalayan region[J]. Journal of Hydro-environment Research,2015, 10:76-89.

[15] [15] Flügel,Wolfgang-Albert. Delineating hydrological response units by geographical information system analyses for regional hydrological modelling using PRMS/MMS in the drainage basin of the River Bröl,Germany[J].Hydrological Processes, 1995,9(3 - 4):423-436.

[16] Dimkić D. New Method for Estimation Mean Hydrological Changes and Question of Reliability in Forecasting Future Hydrological Regimes[J].Procedia Engineering, 2016,162:145-152.

[17] Richter B D,Baumgartner J V,Powell J,et al.A Method for Assessing Hydrologic Alteration within

Ecosystems[J].Conservation Biology,1996,10（4）:1163-1174.

[18] 尚淑丽,顾正华,曹晓萌. 水利工程生态环境效应研究综述[J].水利水电科技进展,2014,34（1）:14-19.

[19] 王宗军.综合评价的方法、问题及其研究趋势[J].管理科学学报,1998,1（1）：73-79.

[20] 李春华,叶春,赵晓峰,等. 太湖湖滨带生态系统健康评价[J].生态学报,2012,32（12）：3806-3815.

[21] 刘芳,尹球,张增祥,等.城市生态环境基础质量遥感评价因子与评价模型研究[J].红外与毫米波学报,2008,27（3）:219-222.

[22] TORFI F,FARAHANI R Z,REZAPOUR S.Fuzzy AHP todetermine the relative weights of evaluation criteria and Fuzzy TOPSIS to rank the alternatives[J].Applied Soft Computing,2010,10（2）: 520-528.

[23] 傅湘,纪昌明.区域水资源承载能力综合评价:主成分分析法的应用[J].长江流域资源与环境,1999,8（2）:168-173.

[24] DAHIYA S,SINGH B,GAUR S,et al.Analysis of groundwater quality using fuzzy synthetic evaluation[J].Journal of Hazardous Materials,2007,147（3）:938-946.

[25] 王俭,孙铁珩,李培军,等.基于人工神经网络的区域水环境承载力评价模型及其应用[J].生态学杂志,2007,26（1）:139-144.

[26] Bakker K.Water security:research challenges and opportunities[J].Science,2012,337:914-915.

[27] Palmer M A.Beyond infrastructure[J]. Nature,2010,467:534-535.

[28] Vorosmarty C J,Mc Intyre P B,Gessner M O,et al . Global threats to human water security and river biodiversity[J]. Nature,2010,467:555-561.

[29] Lovett R.River on the run[J]. Nature,2014,511:521-523.

[30] O'Connor J E, Duda J J,Grant G E.1 000 dams down and counting[J]. Science，2015,346:496-497.

[31] Yujun Yia, Zhaoyin Wang, Zhifeng Yang. Two-dimensional habitat modeling of Chinese sturgeon spawning sites[J]. Ecological Modelling ,2010,221 :864-875.

[32] Johannes Radinger, Franz Essl, Franz Hölker,et al. The future distribution of river fish: the complex interplay of climate and land use changes, species dispersal and movement barriers[J].Global change biology,dol: 10.1111/gcb.13760.

[33] 孙嘉宁,张土乔, David Z. Zhu,等.白鹤滩水库回水支流的鱼类栖息地模拟评估[J].水利水电技术,2015,10（44）:17-22.

[34] 陈求稳. 生态水力学及其在水利工程生态环境效应模拟调控中的应用[J].水利学报,2016,47（3）:413-423.

[35] 陈永灿,朱德军,李钟顺.气候变暖条件下镜泊湖冷水性鱼类栖息地的评价[J].中国科学,2015,45（10）:1035-1042.

[36] 李若男,陈求稳,吴世勇,等.模糊数学方法模拟水库运行影响下鱼类栖息地的变化[J].生态学报,2010,30（1）: 128-137.

[37] 秦大河,周波涛. 气候变化与环境保护[J].科学与社会,2014,4（2）:19-26.

[38] 刘彩虹. 浅析气候变化对水文水资源的影响[J].科技创新导报,2012,27:155.

[39] 殷世平,李滨江,潘华盛,等. 气候变化对挠力河流域水文情势驱动影响的分析[J].水土保持研究,2017,24（4）:38-45.

[40] 张信,刘元元, 安广楠,等. 我国水电开发中鱼类栖息地保护存在的问题及对策[J].云南水力发电,2016,3:7-9.

[41] 吴晓青.我国水电开发与生态环境保护 [N]. 人民日报 . 2011-09-29.

[42] 常剑波,陈永柏,高勇,等.水利水电工程对鱼类的影响及减缓对策 [Z]. 中国海南海口,2008：685-696.

[43] 白音包力皋,郭军,吴一红.国外典型过鱼设施建设及其运行情况[J]. 中国水利水电科学研究院学报,2011,9（2）：116-120.

[45] 陈大庆.长江渔业资源现状与增殖保护对策 [J]. 中国水产 ,2003（3）：17-19.

[46] Primack Richard B,马克平.保护生物学简明教程[M].4 版.北京：高等教育出版社, 2009.